ブラジルの環境都市を創った日本人

——中村ひとし物語

服部圭郎

未來社

ブラジルの環境都市を創った日本人——中村ひとし物語◇目次

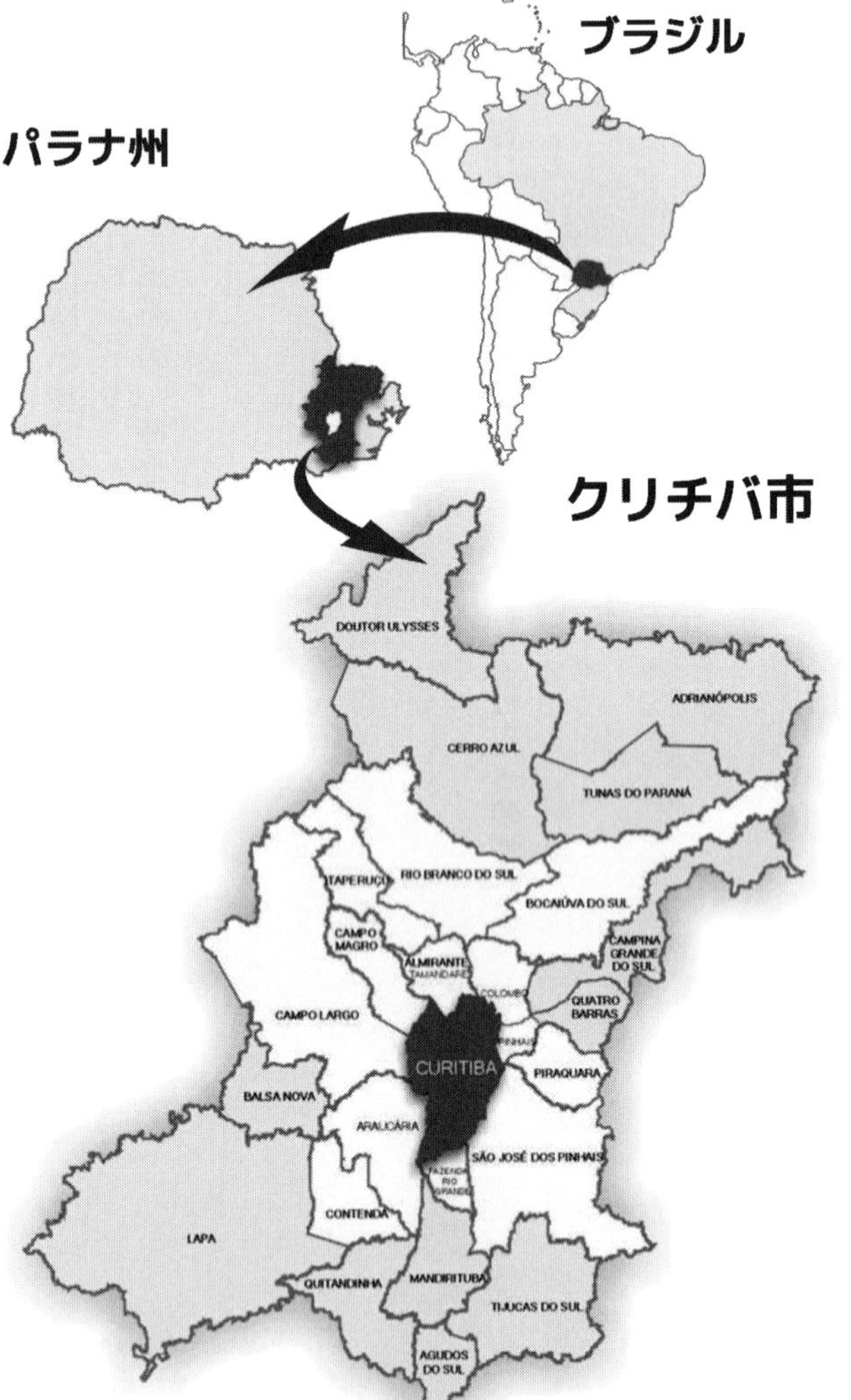
ブラジル
パラナ州
クリチバ市
DOUTOR ULYSSES
ADRIANÓPOLIS
CERRO AZUL
TUNAS DO PARANÁ
TAPERUÇU
RIO BRANCO DO SUL
BOCAIÚVA DO SUL
CAMPO MAGRO
ALMIRANTE TAMANDARÉ
CAMPINA GRANDE DO SUL
COLOMBO
QUATRO BARRAS
CAMPO LARGO
CURITIBA
PIRAQUARA
BALSA NOVA
ARAUCÁRIA
SÃO JOSÉ DOS PINHAIS
CONTENDA
LAPA
QUITANDINHA
MANDIRITUBA
TIJUCAS DO SUL
AGUDOS DO SUL

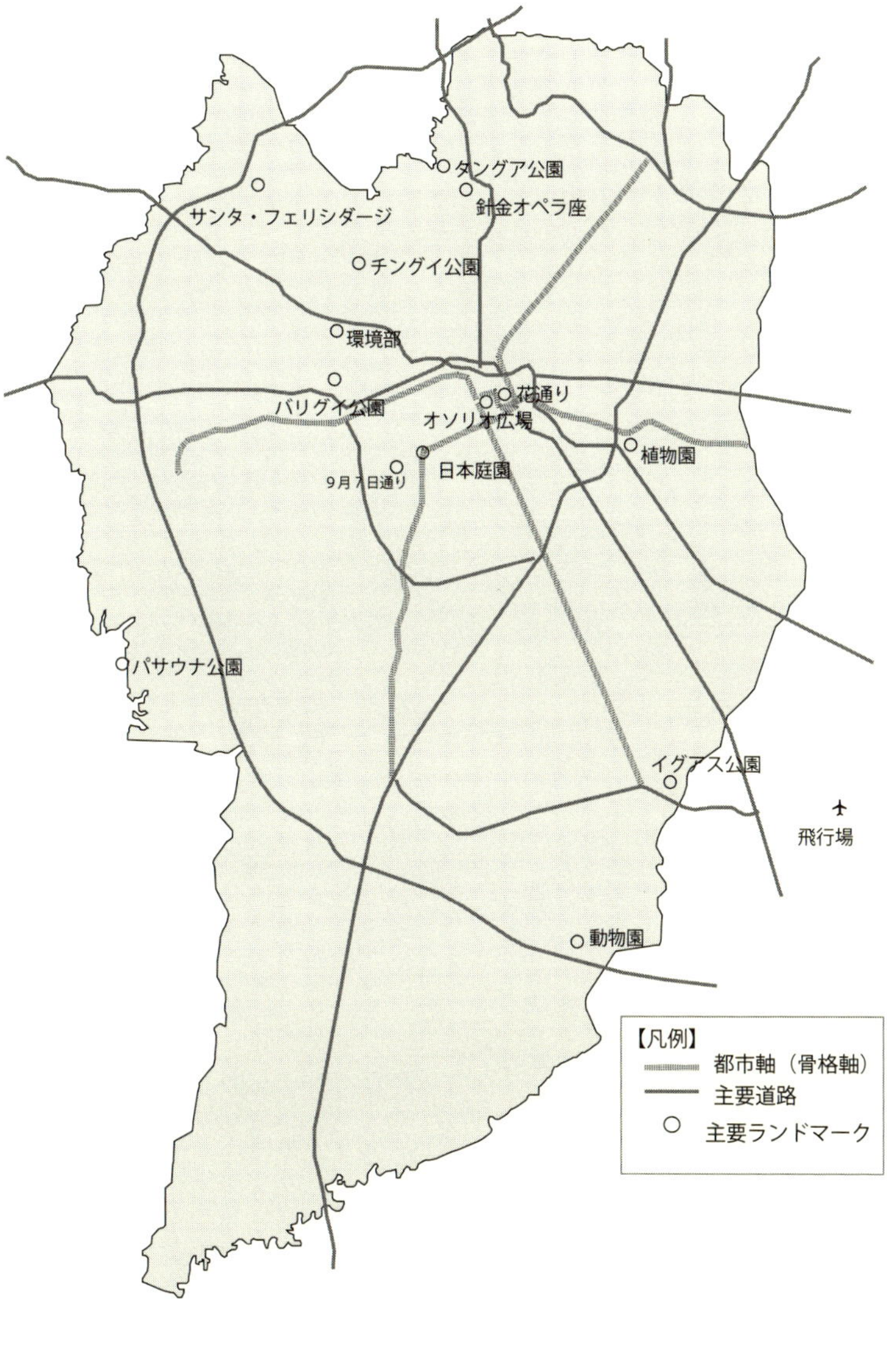
タングア公園
針金オペラ座
サンタ・フェリシダージ
チングイ公園
環境部
バリグイ公園
花通り
オソリオ広場
日本庭園
9月7日通り
植物園
パサウナ公園
イグアス公園
飛行場
動物園
【凡例】
都市軸（骨格軸）
主要道路
主要ランドマーク

装幀――岸顯樹郎

ブラジルの環境都市を創った日本人——中村ひとし物語

はじめに――クリチバという都市の「奇跡」

ある晴れた夏の日曜日、クリチバにあるバリグイ公園の湖に張り出して設置されたビア・ガーデンでは老若男女、色とりどりの皮膚の人たちがゆっくりと過ぎゆく時間を楽しんでいる。クリチバはブラジルの南部、南回帰線とほぼ同じ緯度にあるのだが、標高が九〇〇メートルもある高原に位置しているので、夏でも暑くなく凌ぎやすい。たおやかになびく公園の木々と、高層マンションをバックに映える公園の緑が涼しさを演出する。湖を周回するように設置された歩道には、ジョギングをする人たちや、ローラーブレードを楽しむ人たちが行き交っている。夏の午後の日差しの木洩れ日が目に優しい。

遠くを見渡せば、羊の群れがゆっくりと草を食みながら移動しているのが見える。羊の群れを見守る羊飼いも見える。羊を見つけた子供たちが喜んで、羊の群れのところに走って近づいていく。羊は嫌がるような素振りを見せても、子供たちをじゃけんにはせずに適当にあしらっている。おそらく、慣れているのであろう。

この公園からちょっと離れた高台に建つテレビ塔に登る。このテレビ塔からは、クリチバの三六〇度の展望が得られる。大西洋海岸山脈を背景に大都市圏人口三六〇万人を擁する大都市の雄姿が眼前に広がる。なかなかの絶景だ。すぐ、この都市の高層ビルはドミノ倒しの牌のように直線上に並んでいることがわかる。まるで、一筆書きで一本に敷かれた線においてのみ、高層ビルが建てられるルールがあるかのごとく、綺麗に直線上に高層ビルが並んでいる。正確にいえば、このような直線が都心から四本ぐらい延びている。都心は高層ビルが何棟か建っているが、そこから離れると、高層ビルはこの四本の直線上にしか建っておらず、この直線から離れたところにはいっさい高層ビルが建っていない。二階建てくらいの高さの建物が秩序だってその空間を埋めている。そして建物の間に緑が多いことにも気づく。このメリハリのある都市景観は、東京タワーから展望する、雨後の筍のように高層ビルがところ構わず林立している東京とはきわめて対照的だ。

テレビ塔の展望台を降りて、この高層ビルが並んでいる場所に行く。高層ビルが建ち並んでいるこの直線上の空間は、三つの道路から構成されている。両脇の道路は、一方通行になっており、比較的高速で多くの自動車が走行している。それらの自動車に混じって、たまに銀色のバスが走っていく。三つの道路のうちの真ん中の道路は、両脇を高層ビルに挟まれている。この道路は、真ん中に二車線の道路が通っており、その両脇に高層ビルへ出入りする自動車専用の車線が設けられている。両脇の道路は、交通量は少ないし、走っていてものろのろと車は移動している。真ん中の二車線道路には、自動車ではなくて、赤色に車体が塗られた三連節のバスが颯爽と走っている。この真ん中の道路は、自動車は走行できず、バス専用のようだ。自動車に走行を邪魔されないためか、バスは頻繁に、そしてなかなかのスピードで走っている。さらに時折り、青色のバスも走っている。この青色のバスも三連節でダックスフントのように胴長だ。この青色のバスは、赤色のバスが停留所に停まっている横をビュンと追い抜いていく。最近導入されたバスレーン用の急行バスである。信号は、バスが接近すると青に変わっていく。バスの走行が優先されるように信号が変わるのだ。このようなバス優先政策のために、青色の三連節バスのほうが自家用車よりずっと早く目的地に到着できるようだ。

このバスに乗ってみよう。バスの停留所は円形のチューブ型をしている。アクリルガラスでつくら

バリグイ公園

公園の芝を食べるために放たれている羊

テレビ塔からの展望

れたこの停留所はどこかＳＦっぽい雰囲気を醸し出していて恰好がよい。このチューブに入る前に、回転式の改札口があり、そこには係員が座っており、そこで事前に運賃を支払う仕組みになっている。バスがスーッと停留所に入ってくる。バスが停車すると東京の地下鉄のように幾つもあるドアが一斉に開き、踏み板が降り、人々がバスから降りてくる。バスの停留所は、このドアと同じ高さにあるので、乳母車を押している乗客も円滑にバスから降りることができる。バスに乗るのも同様に楽だ。しかも、運賃を事前に支払っているために、乗客がバスに乗るとすぐにバスは発車する。東京などのバスだと、前の乗客が運賃を払うのに時間がかかっていらいらしたりすることが間々ある。自分が乗る際も、小銭がなくて一万円札しか財布にないときにバスに乗ろうとしてしまい、急いでいる他の乗客におおいに迷惑をかけたことがある。このような事態は、このバスでは起きえない。バスは専用レーンを走るので、渋滞とは無縁で、スムーズに走行していく。スピードが速いので乗り心地はそんなにいいとはいえないが、このスピードは東京ではなかなか体験できないものだ。バスの停留時間も短いので、急いでいる人のストレスは少ないであろう。どちらかというと、バスというよりかは地下鉄のような感覚である。バスは終点であるターミナルに到着する。

ターミナルからちょっと歩くと、クリチバのまさに中心部であるオソリオ広場に着く。椰子の木やパラナ松が繁るちょっとしたオアシスのような広場である。パラナ松とは、この地域特有の強風に煽られて逆さまに開いてしまった傘のような風貌をした、ユニークな巨大な松であり、その松ぼっくりは日本のスイカをも上回る大きさだ。この松は、この地域の象徴的な樹木であるらしく、石畳の歩道にも、これを模した意匠が施されている。

このオソリオ広場からまっすぐに延びる道がある。自動車であれば六車線は取れるほどの幅の道路だ。しかし、自動車はいっさい走っていない。これは、自動車が通行禁止であるからだが、たとえ通れたとしても歩行者であふれかえっているので、実際、自動車で移動することは不可能に近いであろう。それほど、この道は歩行者であふれている。そして、道路には路面電車の車両が置いてある。この路面電車は、昔、この道を走行していたものを再利用しているそうだが、現在では、ちょっとした休憩所のような役割を担っているようだ。この歩行者のための道路空間は、オソリオ広場から一キロ

バス・レーン　展望（写真提供：中村ひとし）

バス専用道路を走るバス

チューブ型のバス停留所

メートルほど続く。この道には、花壇があちらこちらに設置されており、南米らしい色彩豊かな花が空間を彩っている。またベンチも多い。それらのベンチには、座っている人もいれば、ギターを弾いている人もいる。オープン・カフェは、この美しい青空と気候を、ブラジル名産のカフェジーニョを飲みながら存分に満喫している人々であふれている。まさに、この道路は、人が主人公であるかのような自由でいて民主主義的な空間だ。その終点には、パラナ大学の校舎とガイラ劇場が建つ。

このすばらしい都市空間を有する都市が、ブラジルの南の片隅にあるクリチバという都市である。人口一八〇万人の高原都市（大都市圏人口は三六〇万人）で、パラナ州の州都である。リオデジャネイロのような雄大なランドスケープを有しているわけでもなく、サンパウロのように国の経済の中心というわけでもない、ブラジルの一地方都市である。しかし、この一地方都市は、その斬新かつ大胆な都市政策によって、都市構造を大きく改造し、世界じゅうが頭を抱えているような交通問題、環境問題などを解決したことで広く知られている。

日本人が抱くブラジルのイメージは、交通問題や環境問題を見事に解決した都市といったものからは縁遠いものかもしれない。サッカーのワールドカップでのナショナル・チームやカーニバル、サンバなどを通じて見えてくるブラジルという国は、どことなく刹那的で享楽的なイメージがつきまとう。しかし、二〇一〇年にスウェーデンで開催されたグローブ・フォーラムの地球サステナブル都市賞を受賞したのは、このブラジルの都市クリチバであった。クリチバは日本の都市ではなかなか太刀打ちできないほどの環境都市なのである。

筆者は、この南米における都市計画の優等生であるクリチバに二〇年くらい前から、強烈な関心を抱いてきた。そのきっかけは、筆者がアメリカの大学院で都市計画を勉強していたときに訪れた。というのも、多くの先生が優れた都市計画を実践した都市の事例として、この南米の都市クリチバを取り上げたからであった。まさに、九〇年代前半、アメリカの私が通っていた大学院の都市計画学科では、クリチバが最新事例であったのだ。そのような現象を「クリチバを知らずして都市計画を語るべからず」とまで表現する者までいた。筆者は、そのような状況に面食らった。なぜなら、アメリカの都市計画制度を学ぼうと渡米したにもかかわらず、そのアメリカの大学院では、アメリカの都市の事

クリチバの中心にあるオソリオ広場

いつも歩行者であふれる花通り

休憩所として使われている花通りの路面電車

例ではなくブラジルの都市ばかりをモデル都市、模範都市として講義していたからである。こんなことなら、アメリカではなくブラジルに行けばよかった、とさえ思わされた。そのようなこともあり、アメリカから帰国した翌年、クリチバを訪れることにした。雑誌の取材を兼ねて行ったこともあり、当時のタニグチ市長へ面会し、取材することもできた。そこでクリチバの数々の政策を詳しく聞くことで、アメリカの大学院で教わったことは決して大げさではなく事実であったこと、いやむしろ、詳しく知れば知るほど、その政策の背景にある都市計画がきわめて秀でた考えに基づいていること、そしてなによりそれを遂行する市役所の組織としての不退転の覚悟と、機を見るに敏な柔軟性におおいなる感銘を覚えた。この最初のクリチバ行きをきっかけとし、それからたびたび、この都市を訪れ、その研究を重ね、二〇〇四年には『人間都市クリチバ——環境・交通・福祉・土地利用を統合したまちづくり』（学芸出版社、二〇〇四年）という本を出版した。

クリチバのどこが、それほど傑出しているのか。クリチバはパラナ州の州都ではあったが、一九七〇年くらいまでは、ブラジル国内でもユニークな都市としては認識されていなかった。どちらかというと、凡庸で面白くない都市としてのイメージを抱かれていたようだ。しかし、一九六〇年ごろから人口が急増していくなか、一九七一年に三三歳という若さで市長となったジャイメ・レルネルに率いられ、クリチバは革新的な政策を次々と実践していく。まず、都心の中心道路から自動車を追放し、歩行者専用道路にしてしまった。道路に面した商店主は全員が反対したが、商店主が不在の連休の間隙をついて、道路の舗装をはがし、自動車が走行できないようにしてしまう。連休から戻ってきた商店主の怒りはすさまじかったが、一ヶ月ほど経つと、商店の売上げが以前より何倍も増え、商店主はレルネルが正しかったことを知る。そして周辺の商店街も歩行者専用道路にして欲しいと請願し、現在の「花通り」と呼ばれる、人々と賑わいにあふれる歩行者専用道路がつくられた。

都市構造に関しては、交通計画と土地利用計画の整合性をはかった。都市政策において重要な点は「公共性」を豊かにすることであるとの信念のもと、公共交通（バス）に重点を置き、都心から放射状に四つの都市成長軸を設け、そこに公共交通の幹線ネットワークを整備し、その軸に沿って高密度の開発を促し、それ以外の地区は開発規制をしたメリハリのある土地利用計画を図った。高密度開発されている場所は公共交通の利便性を高くし、利用者の便を図ると同時に、公共交通事業者にとっては停留所周辺の利用者を多くするといった経営上のメリットを提供した。そして自家用車ではなく公共交通を利用させることによって、移動で消費するエネルギーを減らすことにも貢献したのである。

無秩序な郊外開発、そしてファベラ（スラム）による土地占有を事前に防ぐために、河川周辺を緑地空間として確保し、グリーンベルトを整備し、氾濫対策とすると同時に、良好なオープンスペースを市民に提供することにも取り組んだ。その結果、クリチバ市は全市域の一八％が緑地で、街路樹を除いた人口当たりの緑地は四九㎡という豊かな生活空間を実現する。ただし、緑地の急増は維持管理費の不足を招いた。そこで、市の職員が出した対応策が、人間ではなくて羊に芝を刈らせるというものであった。羊は糞をするので肥料代の節約にもなり、維持管理費の八割が削減できた。

レルネルが三期目の市長を務めた一九八九年以降は、環境都市をめざし、市民の責任感を醸成して、市民の積極的な参加を促し、ローコストで問題を解決させる環境政策に取り組んだ。たとえば、ごみの分別教育の対象を大人ではなくて小学生に絞り、小学校の授業の一環で分別の効果等を教え、ブラジルでは特筆すべき高いリサイクル率を達成する。また、ごみの回収車が入れないファベラ地区でのごみ収集では、近郊農村が余剰農作物の処分で困っていたことと一挙両得的に解決するため、市が適正価格でこれら余剰農作物を買い取り、それをスラム地区の住民が収集し、回収車が入れる場所にまで運んだごみと交換した。これによって、クリチバ市のスラム地区のごみは一掃され、スラム住民の生活も向上した。

クリチバ市は決して豊かではなく、予算もない。しかし、予算の少なさを知恵と市民とのしっかりとしたコミュニケーションを図ることで多くの都市政策、環境政策を成功に導いたことは世界じゅうを驚かせた。というのは、多くの都市は、しっかりとした都市政策・環境政策が実践できない言い訳を「予算不足」にするからである。まさにクリチバは、都市をよくするために必要なものはお金ではなく、知恵とそれをよくしようとする意志であることを広く知らしめたのである。そしてそれは都市計画、行政の勝利とでも形容すべき事例であった。

1　クリチバの奇跡を起こした日本人

　このようにクリチバとつきあっていくなか、筆者はある日系人と知り合うことになる。それが、本書の主人公である中村轟（以下、ひとし）である。中村ひとし、という日系人がクリチバの多くの成功の陰の立て役者であることは、初めてクリチバを訪れたときには筆者はまったく知らなかった。これは、筆者の不勉強のせいではあるのだが、筆者が通っていたアメリカの大学院での講義におけるクリチバの話のなかで、中村ひとし、という名前が出ることはまったくなかった。クリチバのメイン・アーキテクト、マエストロはジャイメ・レルネルであり、彼を補佐したのは、彼の市長職を引き継いだラファエロ・グレカであり、カシオ・タニグチであるというのが当初の私の理解であった。

　しかし、クリチバをたびたび訪れ、中村やレルネルと話を重ねていくうちに、この中村ひとしこそが、レルネルの本当の懐刀であり、現在のクリチバをつくりあげるうえで多大なる影響を及ぼした重要人物であることを認識するに至った。さらに、レルネルがクリチバ市長を辞め、一九九四年から二〇〇一年までパラナ州知事を二期務めたときも、中村はレルネルの下で同州の環境局長を務め、クリチバ同様、多くの問題を解決し、そしてその後の同州の発展の礎を築き上げる。ある意味で、クリチバそしてパラナ州でのレルネルの成功を陰で支えた最重要人物こそ中村であったのだ。

クリチバが世界から注目され、感嘆される政策は数多い。特に人々を刮目させる「ごみとごみでないごみ」(1)、「ごみ買いプログラム」(2)、「緑との交換プログラム」(3)などのプロジェクトは中村のアイデアによって実現されている。これらをはじめとした中村のプロジェクトは、問題の本質を的確に捉える分析力、問題を解決する創造性と知恵にあふれるプロジェクトの構想力、そのプロジェクトを実践する実行力、そしてなにより、そのプロジェクトによって人々が豊かに楽しく日々が過ごせるようにしようとする愛情、優しさに満ちあふれている。この中村の類い稀なる能力は、クリチバからパラナ州というより大きな舞台に移されて、さらに発揮される。

中村ひとしは、ランドスケープ・アーキテクトとしてもクリチバを中心に一〇〇以上のプロジェクトに関わっている。クリチバには観光バスが走っている。これは、クリチバの観光施設、観光スポットを周遊するバスである。クリチバはリオデジャネイロのような景勝地がないため、観光施設、観光スポットは皆、人工的な施設や建造物となっている。具体的には、植物園、タングア公園、チングイ公園、バリグイ公園、針金オペラ座、環境市民大学などをめぐり、周回するものであるが、これに中村と乗ったことがある。日本語で話す我々に、サンパウロから来た日系人が「日本の人ですか」と話しかけてきたので、談笑する。しばらくして、環境市民大学に到着すると、この日系人は挨拶をしてバスを降りようとした。そこで、中村はちょっとお茶目に「この環境市民大学の公園は私が設計したんだよ」と言う。この日系人は、ちょっと意味がわからないというような曖昧な笑顔をしてバスを降りた。筆者は、まあなかなか理解はしにくいよな、と思ってハッと衝撃的な事実に気がついたのだ。この環境市民大学だけではなく、次のバス停留所である針金オペラ座の周りの空間、タングア公園、チングイ公園、バリグイ公園、植物園……すべて中村がつくったのである。それだけではない。この観光バスが走っていないイグアス公園、動物園、日本庭園なども中村がつくりあげているのだ。この世界的に知られることになったクリチバの一九八〇年代以降の緑地空間のほとんどを中村がつくりあげていたのである。

筆者は『人間都市クリチバ』を執筆するために、中村につきまとい、取材をさせてもらっていた。それにもかかわらず、中村ひとしという人間のすごさをその時点では、しっかりと把握していなかったのである。しかし、これは筆者の怠慢だけが責任を負うものでもない。というのは、中村はきわめてローキーな性格で、みずから自分が関与したことを言うのは稀だからである。一度、酒席を一緒にしたとき、このことをやんわりと批判したことがある。すると、中村は「でも、聞かれなかったから」と返答した。中村の子供たちも、これらの公園が父親の仕事だ、と言ってもほとんど誰も信用しないので、もう人に言うのをやめたそうである。確かに、これだけの緑地を一人の人間がつくりあげた、という事実を信じることは難しい。

中村がパラナ州の環境局長を務めていたとき、大阪からの一行がパラナ州を訪れ、中村のガイドのもと、イグアスの滝を訪問する。たまたま、当時の州知事であったレルネルも訪問していたので一行と合流する。そこで、レルネルが次のように話した。「パラナ州の自然観光地はほとんど中村ひとしがつくりましたが、このイグアスの滝だけは違います」。この言葉をしっかりと理解できた人はこの一行にはおそらく一人もいなかったのではないだろうか。というか、レルネルのこの発言の背景を理解することは、なかなか難しい。中村がパラナ州の自然を保全する制度を整備し、また、それらの自然を体験できる多くの公園を整備したという驚くべき事実を知った者にしか理解できない冗談であるからだ。中村のすごさは常識を越えている。おそらく、中村自身も自覚していないと思われる。理解していたのは唯一、ジャイメ・レルネルであったのだろうということが、この発言から推察される。

世界じゅうから一目置かれるすばらしいクリチバの都市政策、環境政策を実践したジャイメ・レルネルという傑出した都市計画家市長の片腕が、そして環境都市の名にふさわしい公園や緑地をつくりあげたランドスケープ・アーキテクトが日本人だということは、私をはじめ多くの日本人に勇気を与えてくれる。本書は、クリチバというブラジルの国に花開いた奇跡の都市と、この破天荒で、ロマンにあふれた人生を歩んできた中村ひとしの半生をまとめようと試みるものである。

（1）クリチバでは、まだブラジルではほとんどごみの分別がされていないときに、再生ごみを分別する事業に取り組み、成功させた。そのポイントは大人を相手にせずに、子供に集中してごみの分別の大切さを理解させ、分別の動機づけを設けたこと。

（2）不法占拠されていたファベラ地区において始められた事業で、ごみ回収トラックが入れない地区で、ごみの回収をファベラ住民にしてもらう代わりに、バスチケット（その後、野菜）と交換してもらうようにした。

（3）一九九一年に開始されたこのプログラムは、「ごみではないごみ」プログラムと「ごみ買い」プログラムの中間を採ったようなプログラムである。これは、ファベラほどではないが、低所得者が多く居住する地区をリサイクルごみのトラックが回収に行き、野菜と交換するプログラムである。

2 ブラジルへ発つまで――子供時代〜学生時代

中村ひとしは太平洋戦争の真っ只中の一九四四年一〇月二二日、疎開先の母親の実家である千葉県木更津で生まれる。その後、小学校一年のときに兵庫県神戸市に引っ越す。父親は穆（以下、きよし）、母親は精子（以下、せいこ）。父親は船乗りであった。

子供のころの中村はたいへん優しい子であったそうだ。中村はいまでこそブラジルの太陽に焼けて、いかにも健康そうであるが、子供のころはそうではなかった。色白でひ弱なイメージがつきまとうような男の子であった。小学校低学年では、他の同級生が玉転がしをしていても、隣で嬉しそうに手を叩いて応援をしているような子供であったそうだ。せいこは小学校の先生からこう言われたのを覚えている。「ひとし君は優しすぎる。しかし、えげつない人間が多いご時世なので、ひとし君みたいに優しい人間がいてもいいでしょう」。

とはいえ、ケンカをまったくしないわけではなかった。取っ組み合いのケンカをしたこともある。しかし、そのときも小学校の先生は、怒るどころか「もっとせえ、もっとせえ、ひとしはケンカをしたぐらいのほうがいい」とけしかけたそうだ。

　中村は小学校五年生、六年生の担任を受け持った土本先生に強烈な印象を受けたと言う。この先生は生徒をいい方向に育てるのが上手であった。中村が六〇を越えたいまでも、小学校の同窓会を毎年やっているほど、子供たちから信頼され、慕われている先生である。ものすごく怖い先生なのだが、この怖さが、生徒を新しい方向にもって行かせてくれた。中村は小学校四年生までは、それほど優秀というわけではなかった。しかし、土本先生に指導されたことで力が発揮されてきた。子供の評価を勉強以外の点でもしっかりとする。そして良い点は褒める。すべての生徒が、なんらかの点で褒められている。したがって、生徒は自分に対しての考え方がしっかりしてきた。皆でチームをつくって、気象観測をやった。毎日やって、そうすると一日も欠かさずやったということで神戸市に表彰されたことがある。そういうことが大事だ、というのを皆に教えるような先生であった。中村も土本先生のもとで大きく成長し、しまいには卒業式の挨拶までもするほどの生徒になった。モノの価値に対して、中村はこの先生からものすごく教わったと言う。中村の近くにいる人々に共通する中村評は、「教えるのがうまい」。この教えることの上手さは、中村の小学校の体験がもととなっている。

　せいこも、中村は本当に先生に恵まれた、と言う。小学校、中学校、高校といい先生に恵まれたおかげで、中村は真っ直ぐに育ったのだと思う、と述懐する。せいこは、よく近所の人から、「あなたはひとし君を甘やかし過ぎだ。もっと教育しないと駄目だ」と言われたそうだが、悪いことをしないから躾をする必要がなかった、と言う。父親も船乗りという仕事柄、家族と普段会えないこともあり、子煩悩であった。中村は暖かい家庭としっかりとした教師のもとで、すくすくと育っていったのである。

中村は神戸時代、魚崎町の海岸沿いに住んでいた。そこで入学した魚崎中学はバスケットボールの名門として知られていた。中村はバスケットボール部に入り、猛練習に耐える。一年の二学期から学級委員長となり、以降ほとんど学級委員長を務める。中学に入って初めて先輩を知り、こういうふうな人間になりたいと憧れた。作文コンクールがあり、それに応募すると入選した。バスケットボールの練習に関して書いたものであった。さっそく、小学校に行き土本先生に見せる。よくやったと褒められる。翌年にも作文コンクールがあった。またバスケットボールの練習に関して書いて入選する。また土本先生に見せに行った。すると先生に、「中学に入ったら、そろそろ社会を見なければ」と指導される。中村はハッと考えさせられた。そうか、もっと広い目をもって社会に関心をもたなくては。

中学二年生のときに魚崎中学から明石市にある大蔵中学に転校するが、魚崎中学とはバスケ部の鍛え方が違う。転校生中村が練習すると、多くの学生が見学に来るほど注目を浴びたという。ポジションはポイント・ガード。小回りが利き、フェイントがうまかった。日本人初のNBA選手として注目を浴びた田臥勇太のようなプレイヤーだったそうだ。「牛若丸のような動きはいまでも目に焼き付いて忘れられない」と同じバスケットボール部に所属していた同窓生は言う。バスケットボールを中心に中村の中学生活は展開していった。中学時代の同窓生の印象は、「めちゃくちゃきさく」。中村は、不良とも学級委員とも、男子とも女子とも分け隔てなくつきあった。ブラジルに入り、肌の色、貧富の差、職業などで人を見ず、誰とでもうち解けることになる中村の個性は、子供のころから彼が擁していたものであることがわかる。また、可笑しいことがあると、机をパタパタと両手で叩くのが印象的だった、とある同級生は語る。小さくて可愛い少年であった、との印象を語る同級生もいる。

大蔵中学から地元の進学校である明石高校に進んだ中村は、ここでもバスケットボール部に所属し、バスケットボールを中心とした学生生活を送る。進学校であったが、中村の活躍もあり県大会ではベスト8まで行く。中村は、明石駅から西にいったところにある宮の上の団地に住んでいた。いわゆる公団住宅である。高校時代に中村の家に遊びに行ったことがある友人たちは、水洗の様式トイレがあったことや、部屋がやたら小さかったこと、そしてなによりピアノが置いてあったことにびっくりしたそうである。当時は、ピアノが家に置いてあることは珍しかったのである。「なんて、モダンな家に中村君は住んでいるんだろう」と皆、感心したそうである。中村の中学・高校時代の友人たちは、中村が怒ったことをみたことがないという。人の悪口は水を向けても言わない。細かいことは気にしない。これが、大方の一般的な中村の中学・高校時代のイメージであった。

中村の渾名はチョコサン。「ひとし」の漢字は「矗」と「直」三つなので、「チョクサン」と呼ばれていたのだが、その後、中村はフェイントがうまくて、足が速いし、バスケットボールを持って、チョコチョコと動くので、チョクサンからチョコサン。そしてサンが取れてチョコとも呼ばれるようになった。

中村は大学へと進学する。受験した大学は大阪府立大学である。この大学を受験した理由は、明石高校バスケットボール部で二年上の尊敬していた先輩が通っていたから、というたいした理由ではなかった。受験した学科は、農学部造園学科。これは、中村の性格からして、室内でこつこつと仕事や研究をするよりか、外に出てなにかすることが好きなタイプであるから、というのが理由であった。

大阪府立大学に入学してもバスケットボール部に所属したが、4部リーグで強くない。正直、あまり楽しくなかった。それで一年生の終わりのとき、2部リーグの一位争いをしていたハンドボール部に転部する。中村は、運動神経は優れていたが、体格には恵まれていなかった。身長は一六一センチメートル。しかし、その体格を補うための風変わりなシュートの仕方を考え出す。それは、ボールを両手でもって押し出すようにシュートをするというものであった。そのことをハンドボール部の中村の一年後輩である中野亨は楽しそうに話す。「普通は、そんな格好の悪いシュートは考えつきもしない。しかし、中村さんのシュートは面白いように決まった。それは、ゴールキーパーがどちらにボールが飛んでくるか予期できないからだ。格好より得点、中村さんらしいシュートだった」。

格好より実践。その後、ブラジルでお金がないなか、知恵だけを頼りに、数多くのクリチバ市とパラナ州の課題を解決していった中村の原点がこのエピソードからもうかがえる。中村が入部したあとのハンドボール部は快進撃を始める。2部では優勝、中村が四年生のときには全国で一六位にまでもなる。新聞にもクラブの活躍が紹介された。スポーツに力を入れていない公立大学としては番狂わせというような内容の記事であった。1部への昇格へは三年連続で挑戦したが、残念ながら、三連敗をして昇格は叶わなかった。とはいえ、大阪府立大学のハンドボール部の黄金時代を中村たちは築いたのである。そしてスポーツを通して、ブラジルでの生活の苦難にも負けない根性が培われたのかもしれない、とハンドボール部で中村の一学年下の後輩であった湊稔は回顧する。

久美子夫人との出会いは、彼女が中村の妹とともに兵庫県の明石高校でバスケットボール部に所属したことがきっかけとなる。中村は妹の依頼で、大学生のときに明石高校女子バスケットボール部のコーチをするのだが、進学校の弱小バスケ部をめきめきと強くさせていき、県大会でベスト4、近畿大会でもベスト4にまで進ませることに成功する。しかも、メンバー全員をしっかりと国公立の大学に進学させる。中村がコーチだけでなく、家庭教師をもしたのである。以前、中村が帰国したとき、当時のメンバーと中村が食事をした場に同席したことがある。当時のメンバーからすれば、そのような青春のすばらしい思い出がつくれたのは、中村の優れたコーチ力に負うところが大きかったと考えているようだった。食事のあと、中村と一緒にタクシーで帰ったのだが、「すごい体験でしたね」と私が中村に言うと、「あのときは、不思議な力が働いたようだね」と返答した。しかし、

大学時代の中村（左）（1965 年。写真提供：中村ひとし）

それを経験していたメンバーは、その不思議な力の源が、中村であることを知っている。

その厳しい指導をしていたとき、久美子の心根の強さに惹かれる。「人間は限界まで行ったとき、その人の本性がでる。その当時の奥さんをみていて、あっ、彼女が僕の嫁さんになる人だ！と直感でわかった」と中村は振り返る。久美子は、中村はコーチとしては優秀だったと言う。教え方が上手く、教師に向いている、と自身、大阪教育大学を卒業して渡伯したあとは現地の日本語学校の教員を長年勤めている久美子は言う。物事を深く考えるように教育されたそうだ。中村は「心の目でボールを見ろ」と言って指導をしたそうである。

中村の妹の加代子も、当時のことを次のように振り返る。「バスケの教え方は確かに上手かったですね。人の長所を活かすのがうまかった。個人的には技術が劣っても、個々がその長所を活かし合うことで、チームとして相手に勝ることができた。人をその気にさせるのが上手かった」。

大阪府立大学に入った中村はバスケットボール部だけでなく、同大学の海外農業研究会というクラブにも入る。そこで、ブラジルに行き、農業学校を大学の仲間とつくる夢を描くようになる。当時のブラジルの農業はまったくひどい状況であった。きわめて投機的な農業をやっており、気象のデータもなければ、機械もなくて、問題だらけだった。そのような状況だったので、農業学校をつくり、ブラジルの農業を改善したいという夢をもったのである。広大な土地を開墾し、農地を耕し、人類の食糧難を救おうという壮大なる構想を描いたのである。また、ブラジルはカナダやオーストラリアと違って、日本の学歴が通用しない。中村は、当時、日本の学歴偏重のエスカレーター社会で生きることは嫌だと強く思うようになっていた。「大学と企業ががっちり手を組み、エレベーター式に上がっていく体制に疑問を感じていた。日本の大学の卒業証明書が通用しないところで力いっぱい頑張ってみたかった」[1]。「社会の部品になる就職はいやだ」[2]と考えていた。ゼロから人生にチャレンジしたいという中村の希望にブラジルは合っていたのである。

しかし、この中村の希望に対して両親は猛反対する。特に父親のきよしは、船乗りでいままで家を空けることが多かったので、陸に上がり、これからは息子とお酒を一緒に飲みに行ったりするなどして、それまでの不在を取り戻すことが夢であった。ようやく、その夢が実現しようとする矢先に、息子がブラジルに行くという。しかも、せっかく大学院まで卒業したのに、それをすべて白紙に撤回するようなことは、親として納得できるものではなかった。「ブラジルまで行かなくても日本ですることがあるだろう」と父親は中村の考えを翻そうとした。中村はクラブ活動だけでなく、大学の勉強のほうもしっかりとやっていた。大学院時代には大阪万博の日本庭園の設計の仕事にも携わっていた。ランドスケープ・アーキテクトとして、その将来を嘱望されてもいたのである。中村の修士論文は『京都における日本庭園の植物の造形的役割』。学会でも発表した秀作であった。

きよしは就職先として知り合いの貿易会社を紹介しようとしたが、中村は頑として聞き入れない。相手に失礼だからと、せめて履歴書でも出すように言ったが、それも出さなかった。中村の「人はいいが、根っ子の部分は頑固」という性格が強く出た。一度決めたら揺るがないとせいこが指摘する、中村の意志の強さが、たとえ両親の反対があっても、ブラジル行きを現実のものにしていった。

つづいて、中村は久美子の両親のところを訪れ、自分はブラジルに行くことになるが、是非とも娘さんと将来を約束させてください、と申し出る。すると久美子の父親に「なにがブラジルだ。一人で勝手に行って毒蛇に咬まれて死んでしまえ」とけんもほろろに言われる。久美子の父親は小学校の校長先生であり、地元の名士でもあった。大切な一人娘を、どこの馬の骨だかわからない男にブラジルの果てまで連れていかれてたまるものか、という心境であったのだろう。失意する中村に、しかし久美子の決意は固かった。「絶対、中村さんと結婚する」と主張して、翻意を促す親と対立する。久美子は神戸大学付属小学校、中学校に進学した明石では珍しいお嬢さんであった。明石高校の女子バスケットボール・チームで当時、電動洗濯機が唯一あったのが久美子の家であった。そのお嬢さん育ちゆえの純真さが、恋愛の逆風が強ければ強いほど燃え上がった。中村の両親も結婚にはまったく賛成というわけではなかった。そもそもブラジル行きには反対しているし、久美子の家族に申しわけない、という気持ちであった。

二人の決意は固かった。とはいえ、中村がブラジルに発って、久美子が大学を卒業するまで二年間はある。若い二人が言っていることだ。二年間あれば、どうせ諦めたり、久美子にも他に好きな人ができたりするかもしれない、と大人たちは軽く考えた。久美子は高校のバスケ仲間のあいだで人気が高かった。久美子が中村と結婚すると公表すると、結婚する前に中村を殺してやる、と物騒なことを言う男性まで出てきたそうだ。中村と久美子が結婚するためには、多くの障害が立ちはだかっていたのである。

大学院を卒業した中村は、ブラジルの渡航費を稼ぐために二年間ほどアルバイトに精を出す。弘前のリンゴ農家にも行った。これは、ブラジルではまだリンゴの栽培がされておらず、先にブラジルに行った先輩や同級生たちからリンゴの植樹は可能性が高いかもしれない、という情報が入ったからである。ブラジルにてリンゴを栽培するなら、いい研修になると考えたのだ。

(1)「産経新聞」一九九三年九月一七日。
(2)「朝日新聞」(朝刊) 一九九二年一一月四日。

大学４年の夏、中村が実習した北海道遠軽にて（1966 年。写真提供：中村ひとし）

3　ブラジルへの旅立ち

中村は大阪万博で盛り上がっている日本を背にして、一九七〇年二月の終わりに、神戸港からブラジルへアルゼンチナ丸で発つ。二五歳であった。「自分の力だけでどこまでできるか。いろいろな糸を切って、一人で何がやれるのかを試したかった」。神戸港には、ハンドボール部の仲間や明石高校のバスケットボール部の仲間たちが送別に来た。湊たちは、大学の校旗を掲げた。そのときはもう一生、二度と会えないという思いであった。えんじ色のベレー帽を被った久美子は、埠頭の一番先端で手も振らないでじっと船の行く手を見つめていた。周囲の者が、久美子に声をかけることがはばかられるほどの空気に包まれていた。久美子は船がまったく見えなくなるまで、じっとそこに立っていた。渡伯に反対していた父親は仕事の用事を入れて、結局見送りには来なかった。中村は父親に勘当されたも同然のような状況であった。とはいえ、きよしは知り合いの通信士に頼んで、中村が太平洋を航海しているときに電報を送っている。

また、中村はまだブラジルでは新しいリンゴ種であったフジの苗木を四〇本ほど持っていった。弘前のリンゴ農家での研修成果をブラジルで試すためである。そのさい、苗木が腐ったり、死んだりしないようにと船の冷蔵庫に入れるようお願いするのだが、そこで中村の援護射撃をしたのが、きよしであった。きよしの船長への口利きで、中村はフジの苗木を冷蔵庫に入れることができ、無事ブラジルに持っていくことに成功する。ちなみに、これらのフジの苗木は最初に中村の移住先であったコンテンダに植えるが、それはうまくいかなかった。ちょっと寒さが足りなかったようである。しかし、中村は失敗をしたが、その後、青森リンゴ試験場の後沢憲志先生の指導のもと、サンタ・カタリナ州のラーモス移住地にてフジが栽培され、後述する長崎県出身の農家である小川和己がそこに入植して努力したこともあって、フジの栽培は中村が見込んだ通りうまくいく。サンタ・カタリナ州はいまではフジの大生産地となり、それまで同州はリンゴを輸入していたのだが、いまでは輸出するほどまでになっている。

アルゼンチナ丸はいわゆる移民船であった。ホノルル、ロスアンジェルス、パナマ、カラカス等を経由してサントス港に着いたのは四月一四日であった。ブラジルへの第一歩を中村はサントス港で踏む。大学の友達が港に迎えにきてくれていた。中村のポケットには八ドルしかなかった。しばらくサンパウロの友達の家などに居候をして過ごすことになった。サンパウロには二週間ぐらいほどいた。

中村の目的地は、パラナ州のクリチバ市の西にあるコンテンダ市の実験農場であった。この実験農場は、中村の一〇歳ほど年輩の続木が所有していたものであった。そこで農業移民として生活しようと考えていたのである。続木は実業家として幅広く活躍しており、サンパウロでヤンマーの農機具などを販売したりするなど、いろいろと手がけていた。続木の代わりに、この実験農場に入って管理していたのが、大阪府立大学で中村の一年先輩の山下であった。ところが、中村がコンテンダに行くための準備をサンパウロでしていたとき、その山下が続木のところに来て、もうコンテンダには二度と戻らないと強硬に主張する。中村がサンパウロに着く以前に、すでにコンテンダの実験農業は赤字続きの状態にあった。山下は、コンテンダで玉葱とニンジンを植えていたのだが、しっかりと黒字になるような条件が整備できないようなら、もうとても責任をもって管理できない、続けられないと言う。続木は中村もブラジルに来たことだし、もう一度コンテンダで頑張ってみてくれ、と渋る山下を説得する。

　これらのやりとりを聞いていた中村は、さぞかし驚いたと思う。ようやくブラジルに来たら、目的としていた農場は、将来への計画もなければ、展望も見えないような状況にあり、頼りにしていた先輩はもうやってられない、と匙を投げだそうとしている。しかし、とにかくどこかに落ち着かせてくれ、と中村は主張しコンテンダの実験農場に行くことになる。「計画がないことは、なにしろびっくりしました」。当時、コンテンダには日系移民が中村を除いて五人ほどいた。そのうち、二人は家族持ちであった。

　中村は典型的な移住スタイルである、ふとんなどの生活用具一式をドラム缶の中に入れた格好でコンテンダに入っていった。これは、日系移住者独自のスタイルである。ドラム缶は箱と違って壊れない。農薬をかき混ぜるのにも使える。そしてなにより、風呂に使える。板をひいて下から火を焚く。

日本人には風呂が不可欠だからだ。

日系の移住者は必ずドラム缶を持っていった。箱なら壊れるし、船の鼠に咬まれないためにもドラム缶。私が行くと、新しいドラム缶が着いた、とずいぶん歓迎されました。そしてまず、このドラム缶で風呂に入るんです。儀式ですね。私もそれまでドラム缶の風呂には入ったことがなかったので新鮮な気持ちでした。日本人は本当に風呂が好きなんだね。初めて入ったときは、いやあブラジルに来たなあ、と思ったもんです。これで、僕も移住者なんだなあ、と感無量でした。

コンテンダでは電気もなければ水道もない。ランプを使っての生活であった。そこで鶏糞の掃除などの作業をしていた。言葉を学んだり、生活に慣れたりするために、まずはここで落ち着こうとしたのである。一日じゅう鍬を引き、そしてポルトガル語を勉強するような日々であった。ポルトガル語の勉強のためには、六人の日本人の移住者同士で先生の家まで通学した。片道七キロという大変な距離を最初はトラック、しまいには故障したトラックの修理代が払えなくなったので、歩いて通うようになった。六人の受講生は続々脱落していき、最後まで残ったのは中村だけであった。他の移住者はポルトガル語をしゃべれなくても農業をするうえでは困らないと考えたのに対して、中村はブラジル社会に入らなくてはならない、という考えが強くあったので、どうしてもポルトガル語をマスターしなくてはと思っていた。

また、中村は仲間たちと月に一回、ゼミをもち、議論をすることにした。これは、なにしろもっとまともな農業をしないとまずい、という危機意識からである。普通の移住者になってしまったらまずい。いままでの日系移民の歴史を繰り返してはならない、ということでゼミをクリチバとサンパウロの二都市で行なうことにしたのである。ゼミでは、ブラジルの歴史を勉強したり、地理の勉強をしたりした。実験農場がうまくいっていないなか、このゼミは中村をはじめとしてコンテンダの移住者にとっては心の支えとなった。前途は明るくなかったが、ゼミでお互い、望みを捨てないように確認しあった。このゼミは評判となり、日系の移民たちが続々と集まるようになる。多くの移民たちは、夢破れた者たちであり、自分の状況をどうにか打開したいという気持ちを抱いていたのである。

しかし、中村たちの頑張りもむなしく、実験農場は山下が指摘した通り、倒産した。その山下は結局、倒産前にコンテンダを出て行った。山下が去ったときには、トラックもなく、トラクターも動かなくなっていた。オーナーの続木には、これを建て直そうという気持ちはなかった。当惑する中村に、ポルトガル語の先生の御主人が、大学で修士まで取った人が鍬をもって畑仕事をしているのはもったいない、と言ってきた。たまたまポルトガル語の先生のいとこがクリチバ市の建設局長だったので、クリチバ市の仕事だったら紹介できる、とまで言ってくる。そのつてで、中村はクリチバ市の建設局の公園庭園係に入った。このポルトガル語の先生はリタ・シッピオルといい、中村はブラジルの母として慕っていた。渡伯したばかりのいろいろと大変な時期に中村と久美子の心の支えとなり、それ以後ずっと家族ぐるみのつきあいをすることになる。

結局、中村は一九七〇年の五月から一一月までコンテンダにいた。移り住んだ実験農場が倒産したのはショックではあったが、ブラジルに農業学校をつくるということが最終的な夢だったので、公園庭園係の仕事でもいいかな、という軽い気持ちで新しい仕事に取り組むことになった。見方によっては、夢破れて自暴自棄になってもいいような状況であったのではないかと思うが、中村はそれほど落胆しなかったという。もちろん、予定通りにはいかないな、という気持ちは抱いていたが、まあ失望とかはなかった、と言う。ただし、自分だけが大変な状況にあったわけではなく、仲間の気持ちもしっかりと繋いでいかなくてはいけないということで、ゼミはしっかりと継続させなくては、と強く思っていたそうである。このゼミは結局、中村がクリチバ市で働いていてもしばらく続くことになる。

さて、クリチバでの下宿先も探して、市役所の仕事を頑張ってするかと思っていた矢先、外国人は働くことができない、と言われて拒否されてしまった。しょうがないので、またリタ・シッピオルのところに行き、なんかうまくいかなかったですよ、と言うとシッピオルの御主人が猛烈な勢いで市役所に行き、文句を言った。「こんな優秀なやつをなんで雇わないんだ」。すると、市役所は別の方法なら雇用できます、と返答し、中村は市役所の職員となる。しかし、別の方法というのはどういう方法だったのかは、中村もわかっていない。ブラジルでは日本の大学院を出ても、なんの意味ももたない。学歴はまったくないものと見なされ、正規の職員としては採用されず、最低賃金しか支払われなかった。一九七〇年一一月のことである。その二ヶ月後の一九七一年一月にジャイメ・レルネルが初めてクリチバ市長になる。レルネルが中村を呼んだのではないか、と考えたくもある偶然の一致である。

ただ、このころ、大学の後輩の湊に宛てた手紙には「市役所に入ったけど、一年くらいで辞めたい」と書いている。市役所に入るために、なんでわざわざブラジルにまで行かなくてはならないのか。ブラジルで農業という中村の夢が頓挫した苛立ちが、この手紙からも伺える。また、母親のせいこが湊に宛てた手紙にも「自分勝手に行ったものの苦労しているかと思うと堪らない気持ちです」と書かれていた。中村のブラジル行きは、失敗であったと彼自身も周囲も思っていた。しかし、その後のクリチバの発展を考えると、中村が市役所に居続けたことは、クリチバ市にとってはとてつもない朗報であった。

一九七〇年、レルネルがまだ市長になる前のクリチバの人口は六〇万九〇〇〇人と、二〇一二年の三分の一にすぎなかったが、その増加率は五・三六％というきわめて高いものであった。乗用車の増加率は一〇％近くあったが、その後、世界的に知られることになるバス・システムはまだ整備されておらず、交通渋滞の問題が顕在化しつつあった。しかし、すでにそれを大きく変革させるための青写真のマスタープランは一九六六年にレルネルらの手によってつくられていた。

クリチバ市は一九六四年に都市の将来像の計画案であるマスタープランの素案を求めるコンペを主催した。その結果、ジョルジュ・ウィルハイムと当時はパラナ大学の学生であったジャイメ・レルネルが主要メンバーであった社会プロジェクト研究会が最優秀賞を取る。この案は、クリチバ市民の生活の質を向上させることを目標として、大規模な都市構造の変革を提案していた。それまでの、都心を中心に放射状に都市を拡大させるという方針を大きく変更させ、都心から延びる四本の回廊に沿って都市を拡張させるべきであると提言し、公共交通システム、道路システム、土地利用、歴史保全の統合を図るべきであるとした。また、都市計画の基礎は情報であり、情報を収集するために調査・研究を怠りなくすべきであり、そのような組織の必要性を訴えた。これは、情報こそ都市政策や事業、計画を作成するうえでの基礎的資源であり、市民とのコミュニケーションを円滑化させる手段であるとの考えに基づく。(1) そしてこのコンペ案をもとに、一九六六年の六月、法律二八二八条のもとマスタープランは承認された。(2)

このマスタープランは、「クリチバが包括的で調和された開発が展開でき、コミュニティそしてクリチバ大都市圏の生活条件が向上できるような状況を提供すること」を目的とした。それは、クリチバの将来を定義づけるための戦略案であり、都市は勝手に成長していくのではなく、マスタープランで示した経路で成長していくように定められた。

あとは、このマスタープランを実行するための条件を整備するだけであり、その主人公であるジャイメ・レルネルが表舞台に出る準備は整いつつあった。「醜くて、おどおどしていて、魅力がなく、そして貧しかった」(クリチバ市資料)と揶揄されたクリチバは、中村がそこで働き始めたときは、まさにレルネルによるクリチバ革命前夜であったのだ。

市の職員としての中村の最初の仕事は、言葉ができないこともありガビロチューバ(Guavirotuba)という農場の管理であった。ここで中村は現地の植物のことを一生懸命、勉強して学んだ。一方で中村はここでツツジの挿し木の仕方などを現地の職員に教えたりしていた。まさに、日本の大学で教わったことをそのまま教えたのである。当時、ブラジルの人たちは挿し木のテクニックなどは知らなかった。

職員の仕事を始めると同時に、中村は現地の小学校にも通い始める。ポルトガル語を学ばなくてはならないと思ったからである。小学校とはいえ、夜間小学校で同級生も大人であった。夜七時に始まって、一〇時ごろまで続いた。

職員としての仕事によって定収が入るようにはなったが、久美子の渡伯が近づいてきて中村は焦りを感じ始めた。中村の当時の給料はほとんど最低賃金レベルであり、このままでは、彼女と生活することもままならないと思われたからである。そのような状況をブラジルに移住していた大学時代の友人に相談すると、ちょうど国際協力機構（以下ＪＩＣＡ）が現地職員を募集しているから受けてみろ、と言われる。そして自分に人生を賭けてくれている彼女に辛い思いをさせたくないというだけの理由でＪＩＣＡ職員の就職試験を受ける。現地採用枠ということだったので、ＪＩＣＡは中村のような日本の大学院まで卒業している人材がいることに驚き、大変喜んだ。そして、ＪＩＣＡの現地職員としての採用が決定された。市役所を辞めると中村が伝えると、市側はおおいに慌てた。引き留めに入った市に、中村は給料を上げてくれ、と交渉する。中村に助け船を出したのがペドロ・ペランダという公園庭園係長だった。設計ができるのであれば設計技師として契約しましょう、という話になった。

それで三倍くらいも給料が上がることになった。そうするとＪＩＣＡの給料とさほど変わらないし、自分の専門も活かせるということになる。加えてＪＩＣＡは南米全域が管轄となる。家を空けることも多くなるだろう。中村はクリチバ市に残ることになる。

日本の友人たちは皆、ＪＩＣＡに入らないことを不思議がったそうだが、そもそも資本主義のロボットになりたくない、という思いから日本でのエリート・コースを歩むのをやめて単身ブラジルにまで渡ったのに、そのようなコースに戻ることに違和感を覚えたのであろう。とはいえ、さすがの中村も久美子を迎えるのに、あまりにお金がないことに信念が揺らいでしまっていたことが、この話からうかがえる。

もし、ここで中村がＪＩＣＡの現地職員として働いていたら、クリチバやパラナの歴史は大きく変わっていたであろう。歴史にもしは禁句であるが、もし中村がＪＩＣＡで働いたことになっても、彼はおそらく多くの功績を残していたであろう。ＪＩＣＡの名物現地職員になっていたと予想できる。とはいえ、ＪＩＣＡという組織がレルネルのように中村をうまく使いこなし、その能力をしっかりと発現させられたとは思えない。というのは、中村のアイデアの多くはきわめて突飛であり、創造性に富んでいるからである。後述する「ごみ買いプログラム」などはまさにその典型であろう。そして中村は目標を実現させることを、組織の維持とか面目を保つことより優先させる。中村は他人の悪口をまず言わないし、批判もほとんどしない。しかし、その中村が本当にアホらしいと指摘することは、組織上の建前を優先して、本来的にしなければならないことを放棄する官僚的対応を指す場合が多い。

中村がＪＩＣＡという日本的な官僚組織で長い年月、働けたかどうかは疑問である。
なにはともあれ、中村はクリチバ市に職員として残ることになる。相変わらず、その立場は正規の職員ではなく契約職員ではあったが、給料は上がった。

一九七二年三月に久美子は大学を卒業して、八月に日本を発ち、九月にブラジルに来ることになる。その前に花婿のいない花嫁だけの結婚式を日本で挙げた。これは、久美子の両親が一人娘の花嫁姿をみたい、という希望を叶えるためであったが、中村と久美子の両親や友人たちが神戸市元町にある天龍閣に集まり、盛大な結婚式となった。一〇〇人くらいの人間が集まった。フランクで形式張らないいい結婚式であった、と司会を務めた中村の中学、高校、大学の一年後輩であった池内は回顧する。ただし、事情をよく把握していなかった結婚式場は、お婿さんがいない、と式直前に大騒ぎになったそうだ。

話は飛ぶが、結婚に反対をしていた久美子の父親は、亡くなる一年前の一九九〇年になって初めてブラジルに中村と娘を訪れる。中村はレルネルを紹介するなどして、自分のしっかりとした仕事ぶりを見せようと頑張った。ただ、のちにクリチバを代表するランドマークとなる植物園、タングア公園やチングイ公園などの大規模公園はまだ整備途上であった。久美子の父親はそれほど感心しなかったようで、そのときでもまだ、なぜ中村がブラジルに行かなくてはいけなかったのかわからない、と言っていたそうだ。そして、「イグアスの滝だけは認めてやる」との一言を残してブラジルを去った。

サントス港で中村は久美子を出迎えた。中村は、新居としてクリチバ市役所の部長がもっていたアパートを借りた。借りる際の条件として、その部長が日本からソニーのオーディオ・セットを持って来てくれ、と言ってきたので、久美子はそれまで見たことのないような立派なオーディオ・セットを横浜の伊勢佐木町で購入して、運んできた。そのおかげで新居は快適であった。

久美子がブラジルに来て、ようやく一ヶ月が経ち、落ち着いてきたかなと思った矢先、新婚夫婦は九死に一生を得るような事故に出遭う。中村の先輩である山下が運転していた車の後部座席に乗っていた二人は、クリチバの郊外の国道一一六号線の坂で車が追い越しをかけたところ、対向車線から来るスポーツカーと正面衝突するという交通事故に遭遇してしまったのである。ついていないことに、両方の車とも同じ方向にハンドルを切ってしまった。翌日の新聞記事に、中村は死亡、と書かれたような大事故であった。車から投げ飛ばされて気絶した久美子は、目が覚めた瞬間、隣で気を失っている中村をみて、これはせいこに怒られる、と思ったそうである。その瞬間は中村が死んでしまったと思ったのである。しかし、しばらくして中村がううん、と声を出す。よかった、生きている。周りは野原である。しかもポルトガル語もまだろくにしゃべれない。運転していた山下は意識があったが、顔面血だらけである。「山下さん、動いちゃダメ」。久美子は集落を探して歩きまわり、ようやく人を見つけ、拙いポルトガル語で話を無理矢理通じさせたあと、現場に戻ってみると、二人ともすでにいなかった。バスで病院にまで運ばれたのである（救急車がすぐ来られるような場所では全然なかった）。それを確認すると、久美子は気を失い、次に意識が戻ったのは車の中であった。言葉もよくわからないなか、どこに連れて行かれるのか不安であったが、病院へと着いた。

事故の瞬間、とっさに久美子をかばった中村は、両足それぞれ五カ所、合計一〇カ所を骨折する重傷を負う。山下も鼻を骨折していた。久美子は中村のおかげで打撲だけで済んだ。ブラジルに着いて一ヶ月で、いきなり唯一の頼りの旦那は入院した。久美子の不安は尋常なものではなかったであろう。しかし、状況は彼女の不安を上回った。事故で頭を強打した中村は頭がちょっとおかしくなってしまったのである。あるときは小学校時代に戻ってしまい、毎日欠かさずに計測していた温度や湿度のチェックができないので久美子に代わりにしておいてくれ、と頼んでくる。さすがの久美子も折れそうになるが、懸命に中村の看病をする。おかしくなっていた頭は一ヶ月ほどすると治った。一安心すると、どっと疲れが出たのであろうか。一一月には看病疲れで久美子が倒れてしまった。生まれて初めての入院である。腎盂炎であったのだが、盲腸の恐れもあるというので盲腸の手術もした。盲腸ではなかった。

中村は結局、三ヶ月入院した。あれだけ首を長くして待っていたお嫁さんがようやく来たと思ったとたんの入院生活である。久美子も言葉もまだしゃべれないなか、いきなり一人でブラジル生活をすることとなる。しかし、大事故ではあったが命は取り留めた。そして最初に強烈な洗礼を受け、より強い意思をもって、この国で生活していく覚悟を二人はもつのであった。もうこれ以上悪いこともないだろう、と久美子は将来を前向きに捉えていた。

（1）この考えをもとに、クリチバ市はイプキ（ＩＰＵＣＣ：クリチバ都市計画研究所）を設立する。

（2）服部圭郎『人間都市クリチバ——環境・交通・福祉・土地利用を統合したまちづくり』（学芸出版社、二〇〇四年）、二六—二八頁。

4　クリチバでの公園づくり

長い入院生活を終え、中村はクリチバ市役所に戻り、庭園づくりを始める。ここで注釈を加えると、クリチバには当時、公園といえるものは都心部にあるパセヨ・プブリコ一つしかなかった。パセヨ・プブリコとは一八八六年につくられた公園で、市内で洪水をよく起こしていたベレン川の貯水池を設けることが目的でつくられた公園であった。現在では、動物園やレストランなども設置されており、自然を楽しむというよりは人工的なレクリエーション空間となっている。公園庭園係の仕事は、この唯一の公園であるパセヨ・プブリコと街中にあった広場を管理するというものであった。

そもそもブラジルの都市には公園を整備するという考えがほとんどなかった。したがって、新しい公園を整備するための連邦政府や州は予算をもっていなかった。しかし、新しい市長となったレルネルは都市の緑地を整備するといったまったく新しい考えを有していた。これは、レルネルが市長になる前のまだ二〇代のころにパリに留学し、そこの建築設計事務所で働いた経験に負うところが大きい。若かりし彼は、パリの広場や公園におおいなる感銘を受けた。故郷のクリチバの都市も、その規模が拡張するのと合わせて、しっかりとした市民の共有財産としての公園を整備することが必要であると考えたのである。

また、都市軸(1)を整備し始めたので利用しにくい空き地がところどころにできはじめた。そこで中村は、これらの土地を周辺の住民が公園のようなものとして利用できる場所として設計し始めたのである。それまでは花を植えて、木を植えて、芝生を植えておしまいだった。中村は、子供たちが集い、人がベンチに座れるといった機能を空間に付加させ、クリチバにとっては新しい空間処理の考えを導入したのである。

さらに、中村は久美子がブラジルに来る少し前から、土日を使って庭師の仕事を始めていた。植物もわかるようになり、中場という日系の花屋さんの二階を事務所として借りて、仕事を始めたのである。金持ちの家を訪問して、庭師をしますよ、と営業して仕事を受注し始めた。また、東京農業大学を卒業してブラジルに来たが、農場が潰れたのでふらふらしている福西という友人がいたので呼びよせて仕事仲間とした。この庭師の仕事は、評判が評判を呼び、一九七二年ごろからは、だんだんと受注が増えていった。土日だけでは仕事が処理できなくなり、人も雇い始めて会社をつくった。そのような状況下、コンテンダの農場で一緒だった山下や工藤も仲間として加わる。さらに、久美子を迎えにリオデジャネイロに行き、その帰り際に、リオデジャネイロ周辺でトマト栽培をやっていたコンテンダ仲間の中谷という農家に、一緒に庭師の仕事をクリチバでしないか、と誘った。中谷の農場の経営は酷い状況にあり、特に中谷の妻は中村の提案に渡りに船といった感じで飛びついた。そしてクリチバ市内の土地を借りて、中谷に造園用の苗木の栽培を行なってもらった。中谷は非常に植物を育てることの能力に長けていたので、中村たちはおおいに助かったそうだ。会社の名前はジャルディン・エデン。「エデンの園」と命名した。

ブラジルに着いてまだ日も浅い久美子は、新しく雇った六人のカマラーダ（人夫）のお弁当をつくらされた。日本食ではなくブラジル料理のものを、こういうものをつくりなさい、と言われるがままにつくったそうである。「ご飯とフェジョン[2]、それに鰯を焼いたものにレタスをちょっと入れるような料理でした。こんなもの食べるのか、と不思議に思いながらお弁当はつくっていました」。また、タイプライターができる人間は、中村の周りには久美子しかいないので、久美子が事務書類の管理、そして経理の仕事をすることになる。入札の書類も久美子が作成した。さらに、まだポルトガル語が片言であったにもかかわらず電話番もさせられることになる。「とにかく誰からかかってきたのかだけは、しっかりと把握しなさいと言われました」と久美子は述懐する。

仕事が増えてきたので、中村は平日も夜中に設計図を描き始める。平均睡眠時間は三〜四時間しかなかった。久美子も設計図に色を塗ったり、ヤシの木を描いたりした。さらに、土日には人夫として借り出されることにもなる。久美子は、平日は純心学園という現地の日本語学校で教員をしていた。当時、雪印がクリチバに大きな工場をもっていた。日本から来た重役がクリチバの大きな家に住んでいたのだが、そこから庭仕事の依頼が来た。そこで、久美子が人夫として庭仕事をしていると、重役夫人が「あら、中村先生、何をしていらっしゃるんですか」と声をかけられたことがあったそうだ。

久美子はそのときを思い出し、「あのときは、恥ずかしいところを見られてしまいました、と挨拶したと思います。しかし、心のなかでは全然、恥ずかしいとは思っていませんでした」と言う。

ところで、市の職員でありながら、このような会社をつくって働くことで問題になるとは思わなかったのだろうか。筆者の質問に、中村はちょっと驚いた顔をしつつ、悪びれずに「問題になるとはまったく考えなかった。会社が大きくなったらどうなるんだろうとかも考えなかった。ただ、公園を設計したいと思っていたのと、福西君がぶらぶらしているのはどうにかしたいとは思っていた。また、会社では福西君は、毎日働いていたけど、自分は普段は公務員の仕事をしていて、たまに商談に出向いたりはしたが、設計を中心に仕事をしていた。役所の仲間はこの会社のことをほとんど皆、知っていたけど、お咎めをするようなことはなかった。足を引っ張るどころか応援してくれていた。とはいえ、現在ではそのようなことはまず無理だろうから、当時は、まあ呑気で鷹揚な時代だったんだねえ」と笑って答える。公務員が、そういうサイドビジネスをしていても当時はたいした問題にはならなかったようである。

とはいえ、まったく気にしなかったわけでもない。中村の会社が大きくなった一つのきっかけとして、レルネルが市長となって、街路樹を植える大プロジェクトを実施したことが挙げられる。街路樹の緑にあふれるいまのクリチバからは、想像することも難しいが、当時はクリチバ市内には街路樹がほとんどないような状況にあった。そのために、市内の造園会社が集められ、これらの街路樹の入札をすることになった。そのなかには、中村の造園会社も含まれていたが、このときの応募書類等には中村の名前はいっさい入っていない。もちろん、この造園会社で中村が働いていることは、役所では部長をはじめ、ほぼ周知の事実ではあったが、「さすがにそれくらいは配慮したよ」と中村は言う。このプロジェクトは、山下が頑張ってあちらこちらから樹を集めて、安く入札することに成功し、受注に結びつく。

中村はきわめて実践的なランドスケープ・アーキテクトの技術をもった公務員である。なぜ、公務員なのにこんなにデザイン能力が高いのか、筆者はずっと不思議であったのだが、なんのことはない。彼は、一方では公務員としてランドスケープのプロジェクトを管理しつつ、もう一方ではプロのランドスケープ・アーキテクトとして働いていたのである。技術があって当然だったのだ。

一九七四年には中村はサンタ・フェリシダージに家を買う。現在こそ、高級住宅地として知られるサンタ・フェリシダージであるが、当時はそれほど高くはなかった。それどころか地の果てと言われたり、パスポートがいるんじゃないか、とからかわれたりもしたそうだ。家を買うのを主張したのは久美子であった。第一子である麻友美が生まれる前に、アパートではなく地面がある家に住みたいと考えたからである。公私ともに中村の人生は好転しつつあった。

中村たちの会社はどんどんと大きくなり、農地をも買い、トラックも何台も買うことになる。ペトロブラス(3)の仕事までも受注するパラナ州で最大の造園会社にまで成長することになる。このように順調に仕事が拡大していった中村の会社であったが、ある事件が起きた。

一九七六年に中村の両親がクリチバを訪問する。このときはすでに、父親きよしの中村への怒りのほとぼりも冷めていた。クリチバが気に入り、そのまま帰国しないで中村と一緒にクリチバに住むことになる。きよしは中村がしっかりと市役所の仕事をしつつ、会社を経営していることに感心する。しかし、お人好しの中村がしっかりと会社の経営権を握っているのかが気になり、相方の山下に、この会社の経営権や所有権について質問をする。山下は、その質問が気に入らなかったのか、非常にぶっきらぼうにきよしの質問に答える。「会社の経営権は私が所有しています」。この回答にきよしは立腹する。「それならなにかい、あんたが亡くなったら会社の資産はあんたの家族のものになるのかい」。

山下は、火に油を注ぐように、「そうだ」と言い放った。中村はこういうことに関しては、ひどく無頓着であった。市役所の職員である自分より、山下のほうが経営の責任をもてばいいだろうぐらいの気楽な気持ちで山下に会社の事務的なことはほとんど任せていた。そして山下が会社は自分のものだ、と主張するのであれば、それはそれでしょうがないとも思っていた。実際、会社が保有していた農場などは山下名義になっていた。それには税金逃れ、という意味あいもあったようであり、

家族の写真（左から中村、健太郎、麻友美、せいこ、久美子）（1976 年。写真提供：中村ひとし）

必ずしも山下が悪意をもってそういうことをしたわけでもなかった。

しかし、きよしは中村のようにそんな潔い考えは受け容れられなかった。聞けば、そもそも会社を興したのは息子である。そして、パラナ州一の造園会社にまで成長させた牽引力でもあった。それなのに、なんでその息子が会社の資産を引き継げないのだろうか。そんな馬鹿な話があってたまるか。しかも、そんな馬鹿にされたような状態で息子はなんで仕事をしつづけるのか。

中村は困惑した。考えた末、きよしと山下との対立を回避するために、そしてなにより家庭内でのきよしと自分との衝突を回避するために、自分が興した会社を辞めることにした。久美子も、家庭の雰囲気が悪くなるくらいなら、会社を山下にあげたほうがいいくらいに思っており、実際、そのように中村に進言した。加えて市役所の仕事も忙しくなってきたこともあった。ただし、辞める際に山下に条件を出した。それは、自分と山下以外の従業員に会社の農場などの資産をしっかりと分け与えるということである。自分はいっさい会社の資産はいらないが、他の従業員には受け取る権利があるだろう、と主張して、会社の資産の名義変更を山下が実現するのを見届けたあと、会社を辞めた。中村は大阪府立大学時代から一学年先輩の山下を尊敬していた。ブラジルに自分を導いてくれた大恩人であるとも思っていた。大学に入学した直後の久美子を山下に紹介した。当時の久美子は、中村が山下に心酔していることを感じ取った。中村は筆者にも山下のことをいっさい悪く言わない。しかし、そのような大恩のある先輩であっても、ちょっと納得できないところがあったのだろう。この最後の行動に、中村の意地を筆者は読み取ってしまうのである。

中村が辞めたあとも、この会社は業務を続けていたが、しばらくして閉鎖することになる。中村が去ったあとは、もはや同じ会社ではなかった。営業面で中村のコネクションが大きかったことは言うまでもないが、デザイナーとしての中村を失ったことは大きかった。仕事の受注量は激減してしまったのである。山下は、同社の最大の資産が中村であるというきわめて本質的なことに気づかなかったのかもしれない。もったいない話ではある。会社が解散したあと、福西は苗木屋になり、山下は椎茸づくりをし、中谷はパラナ州の海岸のモヘテスにて農場経営をすることになった。

（1）都市軸とは、レルネル市長が一九六四年のクリチバ市のマスタープラン計画のコンペで提案した開発のコンセプト。都市が全方向に放射状に発展するのではなく、四つの都市軸を設置し、その都市軸に新たな開発を集約させるという考え方。この都市軸においてのみ、土地利用の高度化を許し、また公共交通サービスも重点的に提供するようにした。その結果、一九七〇年から一九九〇年のあいだにクリチバの開発はここに集中し、都市軸における土地利用密度は他地域に比べて四・四倍ほども高まることになった。

（2）インゲンマメを煮た料理のこと。

（3）リオデジャネイロ市に本社を置くブラジルの石油会社であり、南半球最大の石油採掘会社である。

5　レルネルとの出会い

中村が初めてレルネルと話をしたのは、クリチバ市のあちらこちらに街路樹を植えていたときである。「都市には緑が必要」という考えのレルネルは、街路樹をどんどん植えろ、と至上命令を出していた。公園庭園係長はレルネルの友人であったのだが、この公園庭園係を建設部から外して、市長の秘書室付きにした。当時の建設部長は、土木出身で都市計画があまりわかっておらず、レルネルとよく衝突した。こうして、いろいろと不都合が多かったので、建設部から緑の部署を取り上げて、市長秘書室付きにしたのである。この配置転換で、レルネルは都市計画には緑が大切であるというメッセージを皆に示すことになる。しかも、予算も市長秘書室付きなのでどんどんつけられた。

公園庭園係長はジョゼ・マリア・ガンドーフという優秀な建築家ではあったのだが、植樹は苦手であった。そこで中村がこの業務を請け負った。苗木探しから実際の植樹まで、中村がとり行なった。そのときに、初めてレルネルと出会うが、一人のヒラ職員と市長とでは距離は遠かった。レルネルは、この会合のことを覚えていない。

多くの成果を挙げたレルネルの四年間の市政[1]を引き継いだのが、サウル・ハイーズであった。彼はレルネルと同じユダヤ系であり、レルネルの友人でもあった。このハイーズ市長のもと、中村は公園課長補佐を任命される。設計課長がハイーズの友人であったこと、また彼は土木出身であり、緑の仕事を中村に任せたこともあり、中村はずいぶんと評価されることになる。実力を示すことができる地位についた中村は、どんどんといろいろな仕事を手がけ始める。特に小公園づくり、プレイグランドづくり、といった多くの公共空間をつくり続ける。

このときに手がけた仕事で中村の印象に残っているのは、イグアス公園と街路樹づくりである。

（左から）中村、ジャイメ・レルネル

イグアス公園

クリチバ市にはイグアス川とその支流であるパサウナ川、バリグイ川、ベレン川、トゥーバ川が流れている。これらの川が頻繁に氾濫するということがクリチバ市の大きな問題

イグアス公園

であった。一方で、クリチバ市は市民が憩うようなレジャー空間が不足していた。そこで、レルネルは市長に就任するとほぼ同時に、連邦政府の予算が取りやすい衛生事業という名目で、一九七二年から、これらの河川を中心とした公園整備事業に取りかかった。主要河川の流域に沿った土地を市役所が取得し、公園を整備し、同市を長年悩ませてきた洪水への対策として、貯水池を設置する計画に取り組んだ。それはまた、拡張する都市化から河川の周辺の貴重な緑地や生態系を保全し、市民の憩いの場を確保することをも目的としていた。[2]

イグアス公園は、その事業の一環として、クリチバの東南部に流れるイグアス川沿いに設けられた八〇〇ヘクタールという広大な敷地を有する大規模な公園である。

イグアス川は、下流では壮大なる景観で知られるイグアスの滝をつくるほどの水量を誇るが、クリチバは源流のそばということもあり、それほど大きな川ではない。しかし、しょっちゅう洪水を起こし、また川沿いには不法占拠が絶え間なく起きていた。そのため、市役所としては、イグアス川沿いに公園を整備し、貯水機能をもたせると同時に、不法占拠をしにくくすることが早急に求められた。このイグアス公園では、中村はひと工夫をした。ここは、公園を計画する以前は、砂取りを行なっていた場所であった。そのために、その跡の穴がぼこぼこと空いている。それらの穴をうまく繋ぐことによって、湖をつくるようにしたのである。そして、その湖でボート競技ができるように二キロメートルの長さを確保するようにし、必要な施設も整備した。ここでは、現在でもボート競技やカヌー競技などが行なわれている。

街路樹づくり

一九七七年ごろ、大学の造園学科出身の樹木の専門家ということで、クリチバ市の街路樹の計画をつくれと中村はハイーズ市長に言われる。当時、公園課では「植物のことはイトシに聞け」と言われていた。計画をつくるということで、中村は公園課から市長直轄のシンクタンク組織であるイプキ(クリチバ都市計画研究所)(3)に出向させられた。これは、クリチバ市では計画権限はイプキに集中しており、他の部署は市の計画が策定できないように定められていたからである。中村は、ゾーニングに合わせて街路樹を決めようということを提案した。街路樹と夜の照明で、市民がゾーニングをしっかりと理解できるようにした。重要な場所は、特にイッペイ(4)とカシャを植えて黄色い花で演出することにした。これらの花は、ブラジルの色である。この計画はハイーズ市長が市の条例にすることで実現した。その結果、どこそこの道はどの街路樹を植えるかが決められたのである。

公園部長への大抜擢

ジャイメ・レルネルが再び市長になった一九七九年、[5]中村は大抜擢を受け、新しく公園庭園係から公園部と昇格した初代の公園部長に任命される。公園庭園係の人の後押しがあったことは間違いないと中村は回想するが、それまでほとんど会ったこともない市長による任命であった。中村は驚いたことは驚いたが、他には適任がいないから、ある程度そういう人事もあるかな、とは考えていたところもあったそうだ。しかし、このときも中村は正規の職員ではなかった。しかもブラジル国籍でもなかったのだが、ブラジル国籍を有していないと管理職になれないという法律があったので、中村はブラジルに帰化することを決意する。特に日本国籍に思い入れがあったというわけではなく、特別のきっかけがそれまでなかっただけだったので、ブラジル人となることに抵抗はまったく覚えなかった。それまで外国人が管理職になるといった前例はクリチバにはなかった。レルネルがいかに中村を評価していたかがわかる人事であった。レルネルはその人事に関して次のように述懐する。「一期目の市長のときは、中村とは会ったことがなかった。[6]しかし、公園庭園係長が、庭師であるがなんでも知っている日本人がいる、ということを私に教えてくれたことがある。彼は大学の資格もないただの庭師だが、驚くべき人材であると言っていた。だから、会ったことはなくても彼の存在は認識していた」。

その後、ハイーズ市長のもとで活躍したこともあり、公園部長へのいきなりの抜擢へと繋がったのであろう。

前述したように公園部は室長秘書付きであった。そのため、市長から直接、命令が出る。建設部を通してではなかなか実現が難しかったであろうというプロジェクトの多くが、公園部に任されるようになっていた。公園部長となった中村は多くのプロジェクトに手をつけ始める。当時、取り組んだプロジェクトで中村の印象に残っているものは、道路公園、バリグイ公園、動物園、公園部の庁舎設計などである。職員もどんどん増えていった。

道路公園

レルネルが一期目の市長をしていたころ、クリチバ市民を驚かせる大事業を成し遂げる。前述した都心の中心道路である一一月一五日通り（通称、花通り）の歩行者専用道路化である。当時のクリチバはブラジルでも最も人口が増加している都市の一つであり、自動車による都心の道路渋滞などの問題が顕在化しつつあった。一一月一五日通りも、多くの通過交通が流入し始め、商店街のアメニティや歩行者の安全を損なうようになってきた。そこで、彼はまず都心の顔ともいえる商店街を自動車から解放し、人々に取り戻そうと考えたのである。

しかし、商店街の店主たちは全員が反対した。それにも関わらずレルネルは、「都心は自動車ではなくて人間のためにあるべきである」という信念のもと、また実際に見れば人々は理解してくれると考え、強行策に出たのであった。その結果、それまで自動車がひっきりなしに通っていたので店を訪れるのを敬遠していた市民が、また花通りに来るようになり売上げは大幅に増加した。こうして、レルネルは商店主だけでなく市民からの絶大なる信頼を勝ち得ることになる。

この花通りのコンセプト、すなわち人間のための道路空間はその後のクリチバの都市デザインの大きな方針となる。まず、公設市場のそばの九月七日通りの道路空間すべてが公園になる。そして、都心から北東にいったところにある住宅地のシラー通りの、六ブロックの道幅を狭めて得られた空間に公園施設などを設けた。これらはイプキが計画して、公園部が施行を請け負っていた。

中村が部長になってからも、この道路公園の建設は着々と進んでいった。しかし、このイプキの計画では不都合が多く見られた。たとえば、スポーツ施設の選び方もミニゴルフやスカッシュなどが計画に入れられていた。中村は、そういうスポーツは上流階級の富裕層が興じるものであり、一般市民はやらないものと考え、反対した。上流階級相手のスポーツは管理費などが高くつく。また、そういうのは多くの面積を必要としても、せいぜい遊べるのは一人か二人。中村は、このような計画は「オフィス内の計画である」と批判する。もっと皆が遊べるバスケットボール・コートやフットサル・コートのほうがいいと考えた。

そこでレクリエーション計画や環境に関しては、イプキではなく公園部が計画も設計もする、という要請を当時のイプキ所長であるカシオ・タニグチに申し出る。クリチバでは縦割りの弊害を回避するために、すべての計画は市長直轄の組織であるイプキが策定する。したがって、土地利用計画、交通計画、緑地計画など、計画と名のつくものはすべてイプキが担当する。市役所の各部署は、イプキの計画を粛々と実行に移す実践部隊として位置づけられていた。したがって、中村の提案は、このクリチバの政策のありかたを根源から否定するような大胆なものであった。しかし、このイプキの根幹を揺るがすような提案を、のちにレルネル市長の第三期を引き継ぎ、八年間クリチバ市長を務めることになるタニグチ所長は認めたのである。

タニグチは、法律や規則は現状が悪くならないためにあると考えた。もし、法律や規則が現状をよくすることを阻害するのであれば、それを変更することも辞さない。ともあれ、中村はクリチバ市で働きつつも、イプキではないのに計画、設計ができる部署のトップに立つことになる。その背景には、公園部も市長直轄の組織であるために、そのような例外的措置も他の部署に比べると適用されやすかったという事情もある。以後、中村が環境局長(環境局は公園部の発展組織)になったときにも、同様な例外適用がなされる。ちなみに現在の環境局は計画権を有しておらず、イプキが有するようになっている(この環境局の特例を撤回したのもタニグチであった)。

このようにして、中村がレルネル・チームの切り込み隊長として、思う存分活躍するための条件が整備されたのである。

中村が初めて設計を手がけた道路公園は、アルトゥール・ベルナルデス通りである。この通りは、市の西部に位置する環状道路であり、道幅は六〇メートルと幅が非常に広かった。アルトゥール・ベルナルデス通りを選んだのは、ちょうど新しい道路ネットワーク計画がつくられ、この通りの位置づけが弱まったためであるのと、周辺にあまり公園がなかったためである。

アルトゥール・ベルナルデス通りは、明らかにそれまでのイプキが設計してきた道路公園とは違う様相を呈している。イプキが設計したものは、いかにも設計図でつくられたように街路樹なども等間隔で植えられている。地面などもしっかりと整形されており、空間も直線的である。それに対して、中村の部署が設計したアルトゥール・ベルナルデス通りは、樹木なども自然の状態に近いような印象を与える。歩道も直線ではなく、曲線であり、小川なども決して綺麗ではないが、この道路公園の中を通り、この土地の場所性を表わしている。街路樹も多様であり、その配置間隔も規則性がない。起伏もあり、遊具施設は周辺の景観と融合されたかのように配置されている。また、建築費もイプキのものよりはるかに安上がりでもあった。

バリグイ公園

クリチバの西部をバリグイ川というイグアス川の支流が流れている。このバリグイ川はしょっちゅう洪水を起こしていた。またクリチバ市が徐々に拡大していき、このバリグイ川周辺にも市街地の開発は近づきつつあった。都市利用の土地需要が高まると、ブラジルの都市では不法占拠が起きて、ファベラがつくられてしまう。市としても、不法占拠が起きる前に、この河川周辺をどうにかしたいと考えた。

そこでレルネルが考えたのは、イグアス公園のところでも述べたが、河川沿いの土地を市役所が買い取って公園にしてしまう、というものであった。これはレルネル市長の第一期から取り組んでいた事業であり、当時も中村は湖の造成などの業務に携わるが、より本格的に関わったのはレルネル市長の第二期、すなわち中村が公園部長を務めるようになってからである。

中村は約四〇ヘクタールという広大な土地を前にして、ブランコやフィールド・アスレチックの施設などを置こうと考えた。すると、それを知ったレルネルから注意を受ける。「なんでせっかくすばらしい自然があるのに、そんな人工物を置くんだ。日本人は自然と人間とが調和する精神をもっていると思っていたのに、なんてもったいないことをするんだい」。中村はハッとさせられた。関西で大学時代を過ごしていたとき、京都の日本庭園などをよく訪れた。そこでは、西芳寺（苔寺）のように、一見短所と思えるような要素を長所に置き換えるという、自然の特性をうまく活かす方法に感銘を受けていたことを思い出した。自分は日本で育ち、日本で教育を受けた造園家である。その土地の自然の短所を長所に変えるような、日本的な調和の精神で空間をつくるようにしよう。この考えは、その後の中村の公園づくりにおいて一貫した指針となる。

動物園

クリチバにはパセヨ・プブリコに小規模な動物園があったが、より本格的なものをイグアス公園に隣接した場所につくることになり、約五七ヘクタールの広大な動物園を整備することになった。中村のコンセプトは、「自然に近い環境での動物の生態の展示」というものであった。中村は、この動物園を市役所の部下たちと一緒に設計図なしにつくっていた。設計図なしにつくるとは、現場に入っていき、ここに街路をつくり、ここに施設を建てるなど、その場でアドホックに指示を出し、つくっていくという、中村独自のきわめてユニークな方法である。このプロジェクトに中村は仕込み弁当を持って、現場で働き通した。まさに朝から晩まで動物園にいたので、部長のサインが必要なときは、部下は動物園まで行かなくてはならないような状況であった。久美子も中村が最も没頭したプロジェクトは動物園だったのではないか、と述懐するほどの力の入れようであった。一九七九年から設計を始め、一九八二年に竣工する。

動物園はイグアス河川の丘陵地にあり、パラナ松などが自生する森につくられたのだが、中村は極力、この森を伐らないようにしたので、まさに森の中の動物園という感じになっている。また、動物たちには広大な敷地が当てられている。動物たちにとっては楽園のような動物園であるが、逆に人間にとっては長距離を歩くことを強いられる。「ここでは、人間が通路という檻の中にいれられているようなものだ」と中村は嬉しそうに語る。
動物園の施設は、ちょうどユーカリの電柱がコンクリートの電柱に置き換えられた時期に重なったこともあり、ほとんどがこのユーカリの電柱を建設材料として使っている。印象的なデザインの入口やビジター・センターだけでなく、動物の檻などにもこのユーカリの電柱が使われている。

イグアス公園（2）

動物園を整備すると同時に、中村の遊び心がむくむくと膨れ上がり、イグアス公園から動物園まで水路をつくり、両者を船で移動できるようにした。この水路は、砂掘りでできた穴を繋ぎ合わせたものであるが、総延長七キロメートルという長大なものであった。そしてパラナグアでイグアス川を上り下りしていた中古船を購入し、それに飾り付けなどをし、この水路を往復させるようにしたのである。船にはレストランも入れ、簡単な食事ができるようにしたり、また楽団が演奏したりもできるようにした。

砂をとったところなので、そのあとに穴がぼこぼこ空いている。これは通常埋めてしまいますが、私はむしろそれを繋いで船が走れるようにしたり、そこの土地の特徴をうまく活かしたりしながら利用することを考えました。そして、この穴をどんどんと繋げていくと、イグアスのボート競技場から動物園のところまで結ぶことができる。クリチバは高原都市なので、よほどの金持ちでないと船などに乗る機会はない。この穴を繋いだ水路に船を行き来させたら面白いだろうなと考えたのです。

この船は、土曜日、日曜日には満席になるほどの人気を博す。しかし、この船は中村が公園部長を辞めてしばらく経つと廃止されてしまう。いまでもイグアス公園の動物園の玄関そばの水辺には、中村が購入してきた中古船が浮かんでいる。

中村はイグアス公園においてみずからが設計したバーベキュー場で職員たちとよく食事をしながら話をしたそうである。イグアス公園の公園事務所で働く職員たちは、都心から離れていることもありいじけた気持ちを抱いている場合がままある。部長と一緒に食事をすることは、大きな励みになったそうである。イグアス公園では、淡水魚の養殖場なども整備したりしたのだが、これらは遊覧船と同じで中村がパラナ州に行ってしまったあとは管理されていない状態にある。

公園部の庁舎設計

一九八三年、多くの成果を挙げた公園部はそのご褒美として、新しい庁舎をバリグイ公園の北部に建ててもいいとレルネル市長に言われる。与えられた敷地は、バリグイ公園周辺の森を管理するイタリア系移民が住む小屋が立っている場所であった。大喜びをした中村部長とそのスタッフは、その小屋を取り壊して立派なコンクリートづくりの建物を新設する案をレルネル市長に提出する。レルネル市長は、その案を一瞥すると「お前はアホか」（中村による意訳）と中村に言い放った。「こういう環境を無視した建物をつくるのは日本人らしくないだろう。せっかく、昔からこの環境を保全してきた建物があるのに、なんで取り壊してしまい、さらにまったく周辺の環境と関係のない建物をつくるようなことを考えるのか。日本人の環境との調和の精神はどこへ行ったんだ」と言って、案を突き返す。

中村も、これは大失敗だと反省し、この小屋を保全して公園部の庁舎として活かすこととする。こうして日本庭園的な考え方をブラジルの亜熱帯のジャングルに適用した、エキゾチックだが自然環境と見事に調和した空間をつくりだすことに成功する。このエピソードと前述したバリグイ公園でのエピソードが示唆するのは、中村が日本人として本来的にもっていた環境と調和したデザインを志向する能力は、レルネルが引き出していたということである。レルネルの人の能力を見抜き、それを引き出す優れた力を知らしめるエピソードでもある。

この話には後日談もある。公園部の建物を自然と共生するようなものにしよう、と考え直した中村は、造園技師としておおいに腕を振るい、いろいろとやりたいことを実践する。まず、小屋に隣接して日本庭園風の池をつくる。池の周りには大きな石を配置するのだが、中村の設計意思が現地の人には理解しにくかったこともあり、みずからが長靴を履いて大きな石を池の周辺に置いた。小屋は谷の尾根部分に立っていたのだが、その池から谷に向けて小川を流すことにした。この小川は公園部の建物の中を通るようにし、その小川に沿って、石畳を敷く。そして谷のそばの見えないところに自分のために隠れ家的な小屋のような部長室を設計したのだが、そこへのアクセス・ルートとした。小屋に入る前に小川を渡るのだが、その橋は長崎の眼鏡橋のようなアーチ状の石橋とした。部長室は周辺からは見えないように設計された。熱帯の高級リゾート・ホテルのコッテージのように藁葺き屋根に壁面はガラスというお洒落な建物であった。隣にはバーベキューもできる設備もつくり、ついでにバスケットボール・コートまでも整備した。中村はレルネルにばれないように、建設材料だけ公園部の建物の見積りのなかに入れ込んだのだが、設計図面などの証拠となるような書類はいっさい残さないで現地にいろいろと印をつけて設計した。それは、誰にも邪魔されない中村の贅沢な時間を提供してくれる場所となるはずであった。

しかし、中村のレルネルにばれないための周到な計画も、あっと言う間に彼に知られてしまう。隠れ家ができた翌日、中村のところを訪問してきたレルネルは、石畳が谷のほうに続いていることを訝しがり、とことこと降りていった。そのときの中村の焦りようといったら想像に難くない。

どうかレルネルさんが気がつかないようにと祈るような気持ちで、ハラハラしながら彼の後ろを歩いていきました。

谷を降りて、橋が見えてきたところで、レルネルは隠れん坊で相手を見つけた鬼のような嬉しさを覚えたに違いない。小屋の中に入り、そのすばらしさに感銘を受けたレルネルは、中村に「なんだ、この小屋は。非常にすばらしいので、ここは以後、私が使う」と言い放つ。中村は、「いや、これは私の執務室なのですが」と精一杯の抵抗をすると、レルネルは「部長は現場にいつもいなくてはならないので、そんな部屋などいらないだろう」と取りつく島もない。

中村が造園技師としてやりたい放題のデザインをした公園部長の執務室は、以後、市長のものとなり、クリチバを訪問するＶＩＰ待遇室として使われることになる。話が横道に逸れるが、筆者も当時のカシオ・タニグチ市長に会うために一九九七年にはじめてクリチバを訪問したときに、ここに連れ

中村が設計した日本風の庭園

中村が隠れ家としてつくった環境部長の別宅

中村の「隠れ家」へと繋がる小径

られてきて、もうそこで環境都市クリチバの強烈な先制パンチを喰らってしまったことがある。こんな環境と共生しているような森の中で市長が執務をしている都市は、もうすばらしいに違いないと大きな感銘を受けたのである。まさかそのときは、それをつくったのが日系一世で、しかも公的な目的というよりかは半分以上は私的な目的のためにつくられたものとは知るよしもない。中村個人にとっては、大変残念な顚末ではあったが、中村が頑張ってこの小屋をつくったことはクリチバ市にとっては大きな贈り物になったのである。

(1) レルネルは三回ほどクリチバ市長を務めるが、一期目の一九七一年～一九七四年には、中心道路を歩行者専用道路にした「花通り」事業や、頻繁に洪水を起こしていたバリグイ川周辺にバリグイ公園を整備するなど、その後のクリチバの改革の嚆矢となる斬新な事業を数多く実践し、多くの成果と市民からの信頼を勝ちとる。
(2) 服部圭郎『人間都市クリチバ』、七〇―七二頁。
(3) イプキ(IPPUC)とは市長直轄の組織であり、市の計画を策定する全権を担う専門家集団のこと。その設立は一九六六年のマスタープランにおいて、レルネルらの提案によって実現される。
(4) イッペイはブラジル、コロンビア原産の落葉高木の花木であり、ブラジルの国樹である。
(5) 当時は続けて市長を務めることは禁じられていた。
(6) 実際はレルネルは中村と会っているのだが、レルネルはそのことを覚えていない。

6　パラナ州への転職

パラナ州への出向

公園部長としておおいなる実績を残した中村であったが、レルネル市政の四年間が終わり、マルリシオ・フルエが新しい市長となると同時に、公園部長から格下げされて係長のポストを務めることになる。フルエの前職は人気アナウンサーであり、公園や緑地に関してたいした価値を認めておらず、中村も過小評価される。ほどなくして、パラナ州に出向することになる。州の総務省の事務局長であるシドニー・ピニューロスの要請で州に行き、そこで州立学校の修繕部で働くことになったからだ。学校の修繕は当時、総務省が行なっていたのである。中村は屋外のコート、あるいは花壇、街路の環境に関する修繕などのチームに入れられて、ずっと学校をまわることとなった。よく同僚と一緒に車に乗せられて三日から四日の出張に行かされた。

中村は以前、ピニューロスの自宅の増築を行なったパラナ大学の建築家の教員だったウィンストン・ハマーレと、たまたま海岸地帯の改良プロジェクトの造園計画を一緒にやったことがあった。このハマーレが、ピニューロスにフルエ市長のもとで重用されていない中村を紹介し、出向が決まったのである。

ピニューロスは、中村の仕事のやりかたにおおいに感銘を受ける。ブラジルの大学には造園、緑地という学科がなく、そのため造園の専門家がおらず、建築家もしくは林学の人が造園をすることになる。その結果、仕事が遅い。中村は植物の扱い方、庭園の設計の専門教育を受けてきたために仕事が早い。それは、ピニューロスがいままで見たことのない早さであった。

ヘキオンとの確執

一九八五年、ブラジルは軍事政権から民主政権へと移行する。それに伴ない、クリチバ市でも市長選挙が行なわれた。はじめての民衆による選挙によって選ばれたのはロベルト・ヘキオンであった。大衆の味方というイメージをつくりあげることに成功した、口の上手い弁護士出身の政治家であった。ヘキオンはレルネルより四歳ほど若かったが、レルネルはつねにヘキオンには口で言い負かされていた。あまり内容が伴なった話はしなかったのだが、扇情的な言い回しが得意で、特に低所得者層の人々の心をつかんだ。たとえば、クリチバの経済が一九七〇年代から成長した大きな要因の一つとして、一九七五年から建設されたクリチバ・インダストリアル・シティという工業団地(1)を整備したことが挙げられる。これによって、それまで商業や行政といった第三次産業が中心であったクリチバは工業を誘致することに成功したのである。しかし、ヘキオンは、この工業団地が周辺を芝生で植栽していることから「金持ちのためのゴルフ場」と決めつけ、市民の税金でゴルフ場をつくったという演説をする。家がないような人たちが多くいるのに、なぜ、こんな無駄な金持ちのための土地利用が許されるのかと怒りの演出をし、選挙に当選したら、この工業団地への不法占拠を認めるような話も一説によるとしたらしい。事実、彼が市長になった直後、この工業団地は不法占拠されてしまい、クリチバでも最も悲惨なファベラが現出してしまっている。

このように典型的な衆愚政治が生みだしたカリスマ政治家ではあったが、その人気は、当時は相当のものであった。彼が選挙で打ち勝った相手はジャイメ・レルネルであった。ヘキオンはレルネルを蛇蝎のごとく嫌っていた。クリチバ市民の人気を二分していたレルネルは、ヘキオンにとって選挙では勝ったとはいえ、かんに障る最大のライバルであったからだ。

そのヘキオンが市長になったことは、レルネルが大抜擢して公園部長となった中村にとっては大変な災難であった。ヘキオンは市長就任後、すぐ州に出向していた中村を公園部に戻した。州に出向したときは公園係長格であったが、ヒラ職員へと降格させられた。給料も役職手当がなくなったので、ほぼ半分となった。このときでもまだ中村は正規職員ではなかったのである。そのうえ、命じられた仕事が、仕出し弁当の運び作業というものであった。当時、公園部には一〇〇〇人ほどの職員が働いており、彼らの多くが公園などの現場にいた。彼らの昼食を市役所は弁当で供与していたのだが、その弁当を運ぶ仕事を中村はさせられたのである。簡単そうに思える仕事だが、弁当だけが楽しみの職員も多かったので、その人数と居場所をしっかりと把握し、弁当を過不足なく送り届けることはなかなか神経を使った。明らかに陰湿なイジメであった。中村は、二ヶ月ほどは我慢して仕事をしていたが、さすがに堪忍袋の緒が切れ、ヘキオンに直訴しにいく。

「私は技術者です。いまの仕事は私でなくてもできるでしょう。技術者としての仕事をさせてください」。するとヘキオンは「いや、お前の仕事は弁当運びだ」と言う。返す言葉で中村は「それなら辞めさせてもらいます。私にふさわしい仕事を私は探しますから」。

ヘキオンはまさか本気で中村が辞めるとは思っていなかったようだが、中村の心は一〇〇％辞めることで決まっていた。すぐさま退職手続きを取ろうとするが、そこでまたヘキオンが邪魔をする。「お前の労働者カードは渡さない。お前は職務放棄ということで懲戒退職にしてやる」。

労働者カードというのは労働手帳のようなものであり、ブラジルの就業者は全員が所有しているものだ。これには、労働契約の内容などが記されており、働くための身分証明書のようなもので、これを没収されると再就職するうえでは相当不利になる。さすがに、そこまでのことはヘキオンでもできなかったが、中村は市役所を辞める。その当時の心境を中村は次のように回想する。「もうあまりにも馬鹿らしくなって、絶対辞めようと強く決意していたので、辞めることにまったく後悔はなかったですね」。

しかし、子供三人（しかも一人は生まれたばかりの赤ん坊）を抱えた久美子夫人はどう捉えていたのだろうか。「まあ、弁当運びはあまりにも可哀想だったし、しょうがないと思いました」。

無職となった中村は、さっそく就職活動をする。二ヶ月ほど前まで出向していたパラナ州に話をすると、そういう事情ならすぐ州の職員になって欲しい、と言う。学生とともに学校の造園づくりをする中村の手法に感心していたパラナ州総務省のピニューロス事務局長は、いつでも働いてくれと喜んで中村を迎え入れる。再就職活動はきわめて円滑に進み、中村はパラナ州の職員になる。ただし、ここでも正規の職員ではなく契約職員であった。当時はなかなか正規の職員を採用しなかったのである。

パラナ州の職員となった中村は、環境教育の仕事に携わることとなった。州の学校に環境について講師として指導するといった内容の仕事であった。マリンガ地方、ロンドリナ地方、イグアス地方などに赴き、中学（ブラジルは日本の中学三年生から高校三年生までが中学）の校長先生を対象として、学校の環境を改善するというプロジェクトのオリエンテーションをした。そのオリエンテーションで中村のアイデアに賛同した学校において、そのプロジェクトを中村もしくは部下たちが赴き、そのやりかたなどを教えるようにした。それは、造園を通じて環境問題を教えるというプロジェクトであった。多くの中学においては予算がないので、校庭などは荒れ果てていたものが多かった。その荒れ果てた校庭を、子供の身体を使わせて、苗木をつかんで、土を掘って、といった体験をさせ、それを通じて環境問題を学ばせようと考えたのである。

また、自分で樹木を植えたりしたら、それは自分の樹であると思うだろう。学校によっては、非常に素行が悪い学生がいる。しかし、彼らでも、自らが手をかけたものは大切にするし、また、他の者が壊したり、荒らしたりしようとしたら、それを守ろうとするであろう。中村は、教科書で環境の大切さを頭で理解しようとしても、本当に環境を理解させることは無理だと思っていた。しかし、環境問題を自分たちの問題として捉えさせることができれば、それは可能であると考えたのである。この中村のプロジェクトは注目を浴び、新聞等で紹介されることになった。この経験がのちにレルネルが三期目の市長を務めることになったときに、中村を環境局長にすることを決意させたのではないか、と中村は述懐する。

（1）一九七〇年代初頭、イプキの専門家たちは、クリチバの経済は商業や行政といった第三次産業が中心であり、その結果、クリチバは貧しく、開発や投資を促すだけの魅力に欠けているという認識に至り、そのような状況を変革させるために、工業を市内に誘致するためのプログラムが必要であると考えた。そしてクリチバ・インダストリアル・シティ（以下、ＣＩＣ）という工業団地を整備することが一九七三年に提案され、一九七五年三月四日に四三〇〇ヘクタールもの広大な緑地を擁する工業団地の建設が開始された。これまで七〇〇社がここに進出してきた。その結果、五万人の直接雇用、一五万人の間接雇用が生じている。

7　環境局長への昇進

ヘキオン市長のあと、レルネルが三回目の市長選に立候補する。選挙日の二週間前の出馬表明であったので、周辺はてんやわんやの大騒ぎとなり、中村も選挙活動に奔走するが、レルネルは見事三度目の当選を果たす。

市長になった一九八九年一月、レルネルは中村を環境局長に任命する。これには、さすがに反対が多かった。資本家でも政治家でもないのに、なぜこんなポストをもらえるのか、という批判もあった。ブラジルでは建築家の組合、土木技術者の組合など、専門職のシンジケートが多くある。これらは市の局長クラスの人事などにも大きな圧力をかける力を有している。そういうシンジケートにとっても中村を環境局長にするというレルネルの決断はまったく納得できないものであった。中村は日本では大学院まで出ているが、ブラジルは日本の大学を学歴として認めていない。したがって、中村はそのようなシンジケートに入るための資格を有していないので、そもそも入れない。シンジケートにも入れない人間がなぜ局長になれるのか。レルネルに対しては相当の抗議があったのではないか、と推察される。しかし、そのような圧力をレルネルははじき返した。人事的には、パラナ州から借り受けるという形を取ることになった。

中村も最初は、「とてもやれない」と拒否する。しかし、タニグチから「レルネルさんに、都市公社の総裁をやれ、と言われたときも、私は三一歳の若さではとても無理だと思った。しかし、レルネルさんに、まあともかくやったらいいじゃないか、と言われて思い切ってやった。あなたもできる」と言われて最終的に受諾する。[1]

レルネルにとっては、三回目の市長就任は一九六四年にクリチバの都市計画コンペに入賞したときから始まったクリチバの都市計画事業の総仕上げを意味していた。クリチバはレルネルの三回目の市長の任期において、世界じゅうにその名を知れ渡らせることになるのだが、レルネル・チームのなかでも獅子奮迅の活躍をすることになるのが、当初は局長をやり遂げる自信をもっていなかった中村であった。レルネルは一九八九年一月一日、市長就任と同時に三期目の市政の目標として「環境都市」を掲げた。環境局長に任命した中村への期待はきわめて大きなものがあったと察せられる。

レルネルの宣言に合わせて一九八九年に、環境局長の就任挨拶で中村は「ベレン川で魚を釣りましょう」という演説をした。ベレン川は、クリチバを流れるイグアス川の主要な支流のなかでは、最も汚染されており、誰も手をつけたくないような川であった。バリグイ川がその川沿いに公園を設けるなどしてその環境を改善させたのと対照的に、ベレン川は都心部を流れていたこともあり、市役所も手を出すことが難しく、結果、人々が親しみをもちにくいどぶ川のように位置づけられていた。その川で、中村は魚を釣ろうという。中村がどのように都市環境を考えているかがわかり、かつ人々を惹きつけ、そして高い目標を掲げた見事なコピーであった。また、クリチバは市民全員が環境を大切にするべきだ、小学校からしっかりと環境教育をやりましょう、と話した。ブラジル連邦政府の憲法で環境教育の重要性が謳われたのが一九九二年。中村の演説は、それに先んじたものであった。

このベレン川で魚を釣るという奇想天外なアイデアの実現はなかなか難しかった。しかし、このコンセプトを少しでも実現させるために、中村が環境局長を務めている期間に、ベレン川沿いに自転車道路を整備することができた。北のバレニーニャ公園から南のイグアス公園まで、三五キロメートル以上の長大な自転車道路の一部である。自転車が道路を通ると、そこは市が使っているという無言の警告となって不法占拠を避けることができる。ベレン川沿いのファベラは現在でもクリチバ市で最も治安の悪い地域であるが、それに自転車道路を整備したことで、市役所が関与しているというメッセージを発信することができたのである。

ごみ買いプログラム

クリチバはジャイメ・レルネルが市長として就任した一九七一年から、数々の斬新な都市政策・環境政策で世界から大きな注目を浴びることになるのだが、(2) そのなかでも最も人々をその創造性でもって驚嘆させたものは「ごみ買いプログラム」であると思われる。この「ごみ買いプログラム」は、レルネルが三回目の市長に就任したときに行なわれた施策である。「環境都市」を施策目標として掲げていたにもかかわらず、クリチバのファベラの環境状況は御多分に漏れず、悲惨な状態にあった。そのような状態をどうにか解決しろ、とレルネルは中村に指示する。中村はさっそくファベラを訪れるのだが、そこで、ファベラのいたるところにごみが散らばっている悲惨な状況を目にする。ファベラは、ごみ回収トラックが入れるような道幅がないので、ごみは回収されずに放ったらかしにされていたのである。

レルネルさんの考えは、環境を司る部署はモーターがなかったら駄目というものでした。当時は、どこの自治体でも環境の部署をつくるのが流行でした。しかし、その環境局が何をするかというと、キャンペーンが中心となるのです。実際の環境を司るかというと、そういうことはなく、ごみの収集などは清掃局に頼んでしまっている。そして清掃局はあまり環境全般には関心がない。そうすると環境局の環境は、理論だけの環境になってしまい、実際の環境問題の解決には結びつかない。レルネルさんはそういうところまで見通していたのだと思います。環境局に自分でごみを集めてこさせるようにした。みずからが、環境問題を解決するうえで先頭に立つというようにさせたのです。

そこで中村は、部下のセルジオ・トッキオと一緒にバーで相談する。この状況をどのように解決すればいいのか。まず、ごみをどうにか回収しなくてはいけない、と考える。人は、特にブラジル人は、なにか自分のためになるということ、インセンティブを与えないと動かない。一方で、ブラジル人は自分のためになる、と理解するととてつもないエネルギーを発揮する。インセンティブをどうにかして与えたい。そして、ごみの回収が、自分たちのためになると思わせたい。そうだ、ごみを回収することで、その報酬を与えればいいじゃないか、というアイデアを思いつく。トッキオも、それはすばらしい案だ、と言う。さっそくレルネルに報告すると、レルネルもすばらしいと言う。

ただ、報酬として金額を支払うわけにはいかない。市役所が所有していて価値のあるものとして、バス・チケットとごみを交換することにした。バス・チケットであれば市役所の判断で増刷することもできるし、配布することもできるからだ。

さて、戦略は立てられたが、これを実践させるためにはファベラの住民たちと腹を割って話し合わなくてはならない。しかし、これは相当むずかしい。なにしろ、不法占拠をしているファベラの住民たちにとって市役所は敵だ。「協力してください」、「はい、はい」といったような関係からはほど遠い。加えて、同じブラジル人とはいえ、市役所で働いている人たちとファベラの住民とでは、まったくの別世界の住民である。レルネルもファベラのことはまったく不明であった。部下と相談しても、皆、尻込みしてしまう。部下のトッキオも、アイデアはすばらしいけどファベラに行くのは嫌だと抵抗する。そのような状況なので、仕方なく中村は局長一人で、このファベラの人たちとの話し合いをするために、ファベラにとことこと乗り込んでいった。

中村は、大阪府立大学時代に釜ヶ崎[3]の調査を行なっていたことがある。その経験から、貧困層の生活というものが多少、想像できた。そしてファベラのようなところを行政が管理しようとしてもほとんど無理であるから、ファベラのコミュニティが自治的な管理ができるように誘導することが必要であり、そのためのリーダーを的確に選んで、彼にその管理を委ねなくては、市役所が何をやろうとしても無駄であると考えたのである。

市役所のプログラムが成功する一つの秘訣は、コミュニティのリーダーをリーダーとして尊敬して持ち上げることです。スラム地区では、学校も建てられない。市役所もなにも手が出せないという場合が多い。そういうところの住民のリーダーに統率力があれば、それでもスラム地区内の問題が解決できるが、そのような統率力が発揮できない場合は、いろいろとごたごたも起きて、場合によっては殺し合いも起きたりするわけです。

したがって、ごみ買いプログラムを実施するうえでは、このリーダーに全権委任をしました。つまり、ごみを集めさせるのも会長さん、その代わり報酬を配るのも会長さん、というかたちでプログラムを進めるようにしたのです。すると、リーダーが信頼を集めていく。リーダーから報酬をいただいていると住民の人も思うようになる。そうするとリーダーを中心にまた住民たちが集まりだすわけです。リーダーの威厳も保たれます。そうすると今度は、新しいプロジェクトをするときにシステムがうまく働くようになる。リーダーの機能をうまく利用していくことで、一九九〇年代には、七八箇所くらいでごみ買いプロジェクトが実施されることになりました。

ごみ買いプログラムは非常に大きな成功を収めた。ごみがあふれていたファベラからは、ごみが一掃される。ごみがみつかったら、すぐ誰かが拾ってしまうのだから当然ではあるが、その結果、ファベラの人々もごみがないことはなかなかすばらしいことであるということを理解してくれるようになる。そうすると、さらにごみが拾われるようになる。すばらしいプラスのサイクルが回転し始めたのである。

ごみ買いプログラムでごみと食糧を交換しているところ

しかし、それとは別の問題も生じ始めた。というのは、バス・チケットをヤクザ者の父親などが子供や母親から奪い取るようになったからである。バス・チケットは換金できる。換金されると父親は麻薬やお酒を購入する。ごみは回収されるかもしれないが、ファベラの住民の生活環境はあまり改善されなかった。これでは中途半端だ、と中村は悩んだ。そこで、中村のことを信頼してくれるようになったファベラのお母さんたちと相談する。あなたたちが一番困っていることは何ですか。するとお母さんたちは異口同音に、「子供に食べさせる食事がない。週に四回くらいしか食べさせられない」と言う。実際、ファベラのどこの家庭にいってもジャガイモが三個か四個しかないような状態だ。

中村はハッとあるアイデアを思いつく。というのは、その数日前に、クリチバ周辺の農家は豊作不況で市場まで野菜を持っていくトラックのガソリン代も出ないために、泣く泣く野菜を潰していると いう話を聞いたからである。これらの野菜を買い取って、それをごみと交換すればいいじゃないか。それに、キャベツやジャガイモなら麻薬を買うことはできない。さっそく農協に話をもっていき、市役所の代わりに、この農協に豊作不況で困っている農家から野菜を買ってもらうようにした。そして、市役所はこの野菜を農協から購入し、野菜をごみと交換するような仕組みをつくったのである。このプログラムは非常にうまくいった。ファベラからはごみがなくなり、子供たちは食べ物を口にできる。お腹がいっぱいになれば、犯罪に走る確率も少なくなる。それだけでなく、不況で農業ができなくなってしまった人たちが土地なし農民となり、都市に出てきてファベラの住民となることも未然に防ぐことができた。

六〇リットルの袋にいっぱいごみを入れると、一〇キロくらいになって、それに対して市役所が業者に収集費用として一レアルちょっとを払う。収集業者はお母さんを職員として雇ったことになる。ただし、その報酬は食べ物で払っているわけです。かわいそうだということで食べ物を与えているわけではない。彼らは働いたので、正当なる報酬なのです。業務を委託しているわけです。だからもらっている人も、自分は働いて報酬を得たのだという意識が芽生える。自分たちが街を綺麗にしているという意識が高まっていくのです。

そうすると、ごみがないスラム街を経験することになる。いままでのようにごみが散乱しているような荒れ地ではなくなる。子供もごみを食べなくなるし、おなかを痛めることもなくなる。ごみのない生活の良さを理解することができます。このように理解することで、自分たちもごみを出さない生活をするようになります。これが習慣づけられると、このプログラムがなくなっても、ごみがないスラム街が維持されるわけです。

クリチバのファベラは他のブラジルの都市に比べれば治安がはるかにいい。そのようになった大きな要因は、中村の創造性あふれる「ごみ買いプログラム」なのである。さらに付け加えれば、中村のファベラの住民たちに対しての眼差しの暖かさであった。

中村は「ごみ買いプログラム」を進めていくのと並行して、ファベラにデイケア・センターのようなものを設置する。これは、ファベラの乳幼児死亡率を下げるためであった。デイケア・センターでは、食糧を子供たちに配給できるようにした。一度、中村の妹の加代子がクリチバを訪れたときに、このデイケア・センターに中村と同行したことがある。ファベラには市役所の自動車で行くのだが、途中で自動車が入れなくなる。そこで、自動車をファベラの手前で停めて歩いて行かなくてはならない。運転手は怖くて出てこないなか、中村はとことことデイケア・センターまで歩いていく。デイケア・センターでは、スーパーマーケットとかの余り物などを集めて、鍋に入れてどろどろになるまで煮込んでスープをつくっていた。中村をみつけて、ファベラの住民は歓迎して、スープを差し出してきた。子供たちもはしゃいで中村の周りを取り囲む。中村は美味しそうな顔をして、スープを呑み込み「デリシオーソ（美味い）！」と言う。加代子にもスープが差し出された。緑色のスープは強烈な匂いを発している。どんなものを入れたら、こんな匂いになるのか。加代子はしかし、ここで飲まなくてはファベラの住民に失礼にあたると思い、一気に呑み込んだ。不味い！　それも半端な不味さではない。加代子は、とてもではないが、それ以上は飲むことができなかった。そのとき加代子は、兄はすごいと思ったそうである。これだけやっていれば、そりゃ慕われるであろう、と中村のブラジル人からの信望の厚さの理由がわかったそうだ。そして中村はおそらく我慢して美味しいふりをしているのでもないだろう、と彼女は推察する。子供たちがワーッと集まってくると、嬉しくなって食べられてしまうのだろう、と。

　加代子の名誉のために付け加えると、彼女は当時、桃山学院大学の社会福祉学部の教授をしていた（その後、同志社大学の社会福祉学部に移る）。日本であれば釜ヶ崎だろうと、どんなところでも入れる自信もあるし、人間が食べられるものなら、たいていのものは自分も食べられるという自負をもっていた。しかし、その加代子でさえも、ファベラの緑色したどろどろスープは飲めなかったのである。それを中村は、美味しい、美味しい、と食べる。中村に味覚がない、ということではない。中村は、ファベラの人たちと交歓するのが楽しくてしょうがないのであろう。不味さを吹き飛ばすほど、子供たちが慕ってくるのが嬉しくてしょうがないのであろう。

鍵となるのは、スラム地区との住民とのコミュニケーションです。対話をする糸口もつかめない。そこで、一番初めの対話が「ごみを買いましょう」。それまで、多くのスラム地区は、市役所には相手にされなかったり、学校を建ててもらえなかったりで、放っておかれた。そういった状況なので、これはリオデジャネイロでもサンパウロでも同じなのですが、住民は疎外されていると思うわけです。電気も入れてくれないし、注文も受け入れてくれない。そういった状態がずっと続いたわけです。そうすると市役所を自分たちの敵として見るわけです。そして、自然に扉が閉められてもう状態はまったく外側からは見えなくなる。入ったらそれこそ襲われたりする。そもそも「ごみ買いプログラム」をする一番初めのきっかけが、あるお母さんが子供を産むときにタクシーを呼んだけど、しかしタクシーはそのファベラが怖くて入れなかった。それでお母さんとその子供が死んでしまった。それが大きく報道されて、それについてレルネルさんが、そういう街は情けない、ということで、なんとかできないかと考えた。そこで環境ということから入ったらどうだろうと。社会問題とか福祉問題とかな、そんなことを言っても、その人たちは聞く耳ないと。

まあ、はじめは「ごみを買いましょう」とかいっても「えっ!?」と言うわけ。「なんやねん、それは!?」と言うので、「ごみを持ってきたら我々が買いますよ」。そうすることによって子供たちの健康も保たれる。ネズミが居なくなる。そういうことでパっと入れたわけです。お母さんたちが「そういうことだったら」ということで、すっと扉を開けたわけ。そうすると私たちがわーっと入れて、コネクションができた。こんなことが始まって、一ヶ月以内にこのプロジェクトができた。始まって三〇日後にはもう実際にプログラムが行なわれて、ごみと食べ物が交換され始めた。そうすると住民は「これはいままでとは違う」とものすごく信用してくる。すばやい解決策は市民の心をつかむ。いつまでもぐだぐだやっていると一ヶ月、二ヶ月、三ヶ月、四ヶ月が経ち、できたとしてもできたときには、「見てみ、いまごろ来よる」と、逆の気持ちで受け取られる。だからレルネルさんが言う、すばやい解決っていうのはものすごく効果的なんです。そういうことでここの人たちの心をつかんだ。扉が開いた。すると次のファベラも「そんないいことだったらやってほしい」ということで、また始まる。

ごみ買いプログラムは、一九九〇年に国連の環境プログラムとして表彰された。レルネル市長はワシントンDCで表彰状を受け取り、帰国するとすぐ、「ごみ買いプログラム」に参加したファベラすべての会長に連絡し、この表彰状と同じものをコピーして、自分がもらった額縁と同じ額縁に入れて、直接、手渡した。ファベラの会長は一歩間違えば、ギャングの親分である。しかし、レルネルはファベラの住民に敬意を表すためにも、是非とも、それを手渡したいと考えたのである。中村は、このレルネルの行為に、おおいに感銘を覚えたという。中村の運転手を長年勤めていたジャシール・シモーネスは、長いつきあいのなかで、この受賞のときほど喜んだ中村は見たことがないという。

ごみとごみでないごみプログラム

ごみ買いプログラムより前に、中村が環境局長として取り組んだごみ関連の事業は「ごみとごみでないごみ」プログラムである。クリチバ市は日本と違ってごみを焼却しない。すべて埋め立てる。中村が環境局長に就任したときには、この埋め立て場が満杯になりそうな状況であった。そこで、レルネル市長は中村に命令する。「イトシ、なんとかせい」。

中村はまずごみの中身を調べることとした。すると、生ごみ、そして瓶などリサイクルできるものが多いことがわかった。そこでごみを分別させて、リサイクルごみはリサイクルさせて、埋め立て場に運ばれるごみを減量させようと考えた。しかし、この案は部下たちに大反対される。「局長、ブラジル人にごみの分別などさせることは不可能です。そんなことは絶対できるわけがない」。彼らもブラジル人であるから、この意見には説得力があった。

そこで中村は考えた。なんで、ブラジル人は分別ができないのだろうか。生まれたときからできないのだろうか。いや、生まれたときにブラジル人や日本人の違いなどはないはずだ。自分の子供たちも日本人の血を継いでいるが、ブラジル人として育っている。確かに、周りが言うようにブラジル人の大人は分別ができないかもしれない。しかし、子供もそうなのだろうか。自分が知っているブラジル人の子供たちは、ファベラの子供でもとても素直だ。子供にしっかりと分別の意義を教えたら、たとえブラジル人であっても子供であれば、分別ができるようになるんじゃないか。いや、できないはずがない。

こうして、大人を見捨てて、子供だけにターゲットを絞ったごみの分別運動を展開するようにした。具体的には、子供にごみの分別の意義、そしてやりかたを小学校で教えることとした。この事業が始まったのが一九八九年一〇月一三日。それまでに六ヶ月かけて準備をした。子供たちが分別に親しめるように葉っぱ家族というキャラクターをつくり、小学校の先生を対象としたごみ分別の研修、そして教育プログラムを検討した。パラナ州で環境教育の仕事をした経験が活きた。物理的には緑がある、公園がある、大気汚染もそんなにない、街路樹もたくさんある。しかし、市民の環境意識は決して高くない。レルネルは市民への環境教育をしっかりとするために自分を環境局長にしたのではないか、と中村はいまでもそう思う。

このプログラムを進めるうえで一つの障害となったのは、小学校の先生たちであった。先生自身が環境問題をしっかりとわかっていない。小学生を相手に分別運動を教えても無駄であると言う先生もいたりして、当初は先生たちも拒否した。しかし、環境教育ではなくて、毎日の生活のなかで環境をよくするためにアクションするということだけを教えればいいのだと根気よく先生たちに伝えた。これに六ヶ月かかった。

その間、レルネルはクリチバ市内の各学校を葉っぱ家族の着ぐるみ人形と一緒に訪問していた。子供たちに分別をするためのインセンティブを与えるためにさまざまな工夫をした。葉っぱ家族とは、当時、人気のイラストレーターにつくってもらったキャラクターである。しその葉っぱのような顔をした全身緑色のキャラクターだ。葉っぱ家族の歌に合わせて、リズムをとって踊るレルネル市長。レルネルとずいぶんと時間をともにした中村にとっても、その光景は衝撃的であった。市長が小学校に来て、小学生と一緒に踊っている。自分が体裁とか格好を考えている余裕はいっさいない、とまた新たな覚悟を決めるのであった。

さて、起動時には幾つかの課題を抱えたこのプログラムであるが、結果的には非常な成功を収める。子供たちは、強い関心をもち、実際、分別をしはじめる。分別の重要性を理解した子供は、二つの観点からクリチバ市の環境行政を進めていくうえでの大きな推進力となった。一つめは、彼ら・彼女らは、現在は子供でも将来は大人になるということ。すなわち、しっかりと分別の重要性を理解した子供は、高い確率で分別のできる大人になることが期待できること。二つめは、子供たちは家に帰ると、父親そして母親が従来のように分別しないでごみを捨てるときに、まず指導して是正する監視役を行なうことである。親にとって、口うるさい子供ほど鬱陶しいものはない。しかも、この場合においては子供に理があるのだ。どんな市役所のキャンペーンよりも効果がある、大人対象のごみ分別推進事業である。

我々、市役所の職員が一生懸命分別してください、と頼んでも市民はどこ吹く風でまったく相手にしてくれん。しかし、家で子供たちから、母ちゃん、分別しないでごみを捨てたらあかんって小学校の先生が言っていたよ、と言われたらうるさくてかなわん。子供たちを我々の側につけることで、大人たちにも分別をさせることができるようになったのです。

なにより重要なことは、市民にしっかりとリサイクルの成果を知らしめるように工夫したことである。クリチバでは、紙を分別することで、一年間で伐らずに済んだ木の本数を、公園や広場にて掲示するようにした。たとえば、バリグイ公園中央池近くに建てられた大看板には次のようなメッセージが書かれていた。「クリチバ市民がいままでに助けた木　九一万二三五九本。ブラジルの都市がクリチバに倣うなら、六三八六万五一三〇本を助けることになる。五〇キロの紙の再生で一本の木を切らないで済む　クリチバ市役所」。この数字は毎週、月曜の朝に変わる（「日経新聞」一九九二年六月一八日）[4]。子供たちは木が大好きである。その木を伐らないためのリサイクル、といった目的意識をしっかりと理解すれば積極的に分別を行なう。

また、学校でクリスマスの一週間前にプラスティックのごみを先生が子供たちに集めさせる。一週間後のクリスマスの日には、このごみから再生されたおもちゃを子供たちに渡すようにした。ごみからおもちゃができる。子供たちはごみがおもちゃになると目を輝かせる。さらに小学校では、再生可能ごみと再生紙でできたノートを交換するようにした。そのような経験をさせることで、ごみが資源である、ということを実感として理解できるような工夫をしたのである。

そして、小学生への環境教育がしっかりと軌道に乗り始めたあと、分別ごみの回収を開始した。考え方としては、ごみの回収人は「エコロジーのヒーロー」。職員の制服や回収車は格好のよいデザインにした。トラックで回収に行くのだが、カランカランと鐘を鳴らして、視覚的にもワクワクさせるようにした。

ごみではないごみプログラムを最初に導入しようとしたとき、金持ちの住んでいる地区からやろうとしたら、中村はレルネルに怒鳴られた。金持ちと貧乏人を差別するな、ということである。都市としてはみんながやらなくてはならない。それと実行した場合は、必ず、市民がそれを受け入れて、自発的に取り組むような仕組みでやらなくてはならない。そのためには、一回たりともトラックが来ないというような事態はあってはならない。人々がごみを持ってきても、市役所のトラックが一度でも来ないとすべて水泡に帰す。「おまえの車でもいいから、取りにいけ」と中村はレルネルに言われる。習慣化すれば大丈夫だが、それまでは、一度でも来なければ市民はもうやらないから、気を抜くな。レルネルはこういうことには、きわめて頑固で徹底させたのである。市民相手だから、その市民の考え、意識を徹底的に踏まえなくてはならない。この点は、レルネルからものすごく学んだことであると中村は回想する。

一つのプログラムを成功させるためには、細かいところでもうるさく言うポイントがある。絶対、ここは失敗をしてはいけないという肝がある。再生ごみを分けても、トラックがこなかったら明日からしなくなる。法律があっても誰も信用しなくなる。計画をするだけでなく、それを実践していくためには、外してはいけない肝がある。そういうことをレルネルさんからは徹底的に叩き込まれた。

緑との交換プログラム

「緑との交換プログラム」は、「ごみではないごみ」プログラムと「ごみ買いプログラム」の中間を採ったようなプログラムである。このプログラムが実施されたのは、ファベラでのごみ問題は改善されたので、次に低所得者層が住む地区におけるごみ問題に対応しようと考えたからである。

しかし、低所得者層の住民は税金も支払うし、ごみの回収トラックが入れる。したがって、これらの地区においては、リサイクルごみのトラックが回収に行き、リサイクルごみを野菜と交換するプログラムとした。野菜とごみとの交換比率は重量で一：四とした。すなわち、ごみを四キロ持ってくれば、一キロの野菜と交換してもらえるようにしたのである。このプログラムは一九九一年に開始された。最初の日にはレルネルみずからが、トラックに乗ってキャベツを配った。

現在は、前述したような豊作不況の問題は解消されているので、野菜の価格が安いわけではないが、季節の野菜で、低価格で販売されているものを市としては購入するようにしているそうだ。

「ごみ買いプログラム」の実施されていた地域は、道路も改善され、ごみ回収トラックが入れるようになり、どんどん「ごみ買いプログラム」を卒業して、「緑との交換プログラム」に移っている。この緑の交換プログラムが実施されている箇所は、私が最初に調べた二〇〇二年には六三箇所、二〇〇七年には七八箇所、そして現在（二〇一二年）では九〇箇所ほどあるそうだ。

「ごみとごみでないごみ」、「ごみ買いプログラム」、そして「緑との交換プログラム」に共通するのは、それらが単にごみを処理するためだけの政策ではないことです。ごみ収集やごみ分別も、単に政策のためだけにやるとあまり意味がない。どんなに貧乏なファベラの人々も環境的に正しい人でなければならない。だから、環境教育の一環としてやる。ただごみを収集するだけの政策ではない。貧しい人たちはどちらかと言えば、毎日の生活に追われている。そういう人たちに対して「緑は大事だよ」、そんなこと言っても効果がない。

緑との交換プログラム

直接的に訴えかけるのではなく、一つ間を置いて、「このごみは普通のごみと違うんだ、値打ちがあるんだ」、そういうことを実際にバナナと交換してわからせる。そうすると「あ、これは違うごみだ」と間接的に環境教育が行なわれる。その結果、ごみでないごみということを身体で理解するのです。

環境寺小屋

中村が手がけた多くのプロジェクトのうち、日本人であるからこそ出てきたアイデアによって実現されたのは、環境寺小屋であろう。環境寺小屋は、ポルトガル語でも「ピア・アンビアンテール」、まさに環境寺小屋という意味である。それは、「農園、遊び場、スポーツ広場、ヤギ飼育場（ミルクを取る）などが付随し、一箇所当たり、約三〇〇人の子供（四歳〜一四歳）を収容」する施設であり、そこでは「すべての子供の活動は環境教育のプログラムに沿って計画され、農園での作物つくり、料理、皿洗い、掃除まですべて環境教育の一部として」捉えられている。(5) このプロジェクトはまた、中村が最も愛着をもっていたプロジェクトでもあった。そして、これはレルネルをも驚かすことができた、レルネルでも最初は中村の案を即座には理解できなかった、まさに中村らしさが充満したプロジェクトである。

ごみ買いプログラムでファベラの住民とコミュニケーションがはかれるようになり、また信頼を勝ち得た中村は、ファベラの子供たちを不良にさせないようなプロジェクトを実践したいと考えていた。レルネルのアイデアは、普通の学校のなかに課外授業を提供するという、既存の学校で対応するというものであった。しかし中村は、重要なのは学校に行けない、学校に行かない子供たちに対するプロジェクトであると考えた。このような子供たちは普通の子供より不良となる確率が高いからである。

そこで、ファベラのなかに子供たちが安心して過ごせるような小屋をつくることにした。そして、環境局が事業としてやるためのこじつけとして、ここでは環境問題、環境をしっかりと理解した子供たちを育てる、という目的を掲げた。環境寺小屋はブラジル連邦政府もすばらしいプロジェクトであると捉え、当時の教育大臣が開校日に訪問した。しかし、その本質的な趣旨を連邦政府が理解していたかどうかは、筆者は多少疑問視している。すなわち、建て前のほうの趣旨で評価をしており、中村の本当の趣旨、すなわちファベラの子供たちをちびっこギャングのスカウトやストリート犯罪から守るという趣旨ではあまり評価していないのではないか、と思うのである。

環境寺小屋は学校ではない。そもそも、学校をつくり、運営・管理するのは教育局の管轄である。しかし、環境寺小屋はあくまで環境局の事業である。学校をつくるのには時間がかかるが、環境寺小屋は行政的な基準のほとんどを無視するので、あっと言う間につくれてしまう。まさに、役所が管理する学校に対する寺小屋なのである。中村も役人であり、寺小屋も行政事業なのだが、思わずこういう表現をしてしまいたくなる、中村の行政マンらしからぬ実行力と無手勝流がつくりだしたプロジェクトである。

この環境寺小屋の最大の特徴は、「ご飯がゆっくりと食べられる」ことである。子供たちは週に三回か四回くらいしかご飯を食べられない。それなら、寺小屋に行けばご飯が食べられるようにすれば、寺小屋に子供たちは来るだろうと考えたのである。

さらに中村は、環境寺小屋の先生たちをファベラの住民の母親にした。そして面倒を見させると同時に、食事もつくらせるようにした。これは明らかに法律違反である。学校の監督者は、資格試験を通ったものでないといけない。しかし、中村はそのような法律を知りつつ、ファベラの住民の母親でなくては、環境寺小屋は成立しないと押し切った。確信犯だ。ファベラの子供たちが置かれている状況を、小学校の先生の資格をもっている人たちが理解できるわけはない。それは、彼女、彼らの能力を過小評価しているわけではまったくなく、あまりにも別社会に生きていたために、ファベラの状況は外部の人たちからは想像することもできない、と中村は考えたからである。その見識はおそらく正しかったと思われる。いまだに、リオデジャネイロのファベラの暴力的な悲劇を描いた映画『シティ・オブ・ゴッド』[6]は、フィクションの世界のものだと思う富裕層は少なくないというのがブラジルの現状なのである。[7]その社会格差の大きさは、下層に生活するものと、その上に生活するものとがコミュニケーションを容易にはかりがたくさせている。

このファベラの住民の母親を先生たちにしたというアイデアは非常にうまくいく。環境寺小屋は、まさにファベラの住民が管理し、ファベラの住民たちが使うものとなった。中村はほとんど不可能と思われていた、ファベラで生まれた子供をしっかりと育てる、ということを可能としたのである。

とはいえ、環境寺小屋が軌道に乗るまでは、ひと悶着ふた悶着あった。最初の環境寺小屋をつくったとき、そこに包丁や食器などを持ってきた。そこで調理をするから、それらは当然必要なものであった。中村はファベラの住民を信用して門番を置かなかった。そのことに関しては役所内でも心配する声があったが、「これはファベラの人たちのものだ。そんな自分のところからモノを盗むことなんてしないだろ。相手を信用しなくては、自分たちも信用されないぞ」と相手にしなかった。

しかし、中村のこの気持ちはファベラの住民たちには通用しなかった。翌日になると、食器類はもちろんのこと冷蔵庫までも全部、盗まれてしまった。さすがの中村もショックを受ける。そしてファベラの人たちを集めて話をする。

「昨夜、環境寺小屋のモノが盗まれた。たぶん、ここに来ている人たちの家族が犯人だろう。しかし、ちょっと待ってくれ。お前たちの弟や妹もここに来て、ご飯を食べている。弟や妹がお腹を空かしてもいいのか。かっぱらうなら他でかっぱらってくれ。環境寺小屋でかっぱらう奴があるか」。

そうすると次の日には、冷蔵庫以外は全部戻ってきた。冷蔵庫だけはおそらくどこかに売り払ってしまったのであろう。中村は、一番大事なのはコミュニティという意識をもたせることだと言う。自分たちの村、自分たちのコミュニティという意識をもつことができれば、半分以上成功したも同然である、と言う。特にファベラのような集団は、まとまりだすと早い。

環境寺小屋で出す食糧は、近くのスーパーマーケットが賞味期限切れのものや、売れ残ったものを寄付してくれた。ここも、しょっちゅうファベラの住民による盗難の被害があったが、ここのスーパーマーケットに寺小屋はお世話になっているんだぞ、とファベラの人たちに伝えたら、そのスーパーマーケットの盗難被害は即座に止まった。スーパーマーケットは、環境寺小屋に寄付したことで経営面では改善されたかもしれない。

いきなり外から人が来て何かやろうとすると、ファベラの住民は反対する。しかし、隣のおばちゃんがやれば受け入れる。そのプログラムが自分たちのものであると理解するからである。環境寺小屋の成功の要因は、まさにこの点にあった。

このようなことは、中村にとっては明白なことであるが、理解できない人間がまだまだ多い。中村が市役所を離れて一〇年経った現在、環境寺小屋の校長はファベラの住民ではなく、資格試験に通った正式な職員が行なうようになってしまっている。現在のクリチバの環境寺小屋でどういうことが展開しているかというと、一般の子供に先進国のような環境教育を教えているようなことをしている。行政の自己満足で世界の最高の環境教育を導入したがっているが、そんなことのために環境寺小屋がつくられたわけではない。

これを中村は「事務所のなかの討論会」と言う。実際のファベラの子供たちの状況を知らない人が勝手に頭のなかで解決策を思い描いているだけである、と批判する。ここで一言断りをいれておくと、中村はめったに人のことを悪く言わない。このような本音も私の嫌らしい誘導尋問に、むしろ私には本音を話さないと失礼と思って述べてくれたものである。

ファベラのちびっこギャングが一番嫌いなものが学校。学校的なものを環境寺小屋にもっていったらまったく駄目だ。お母さんの手づくりの食事、サッカー、縄跳び、ときたま農業体験、リサイクルごみでの工作。学校教育と違うから環境寺小屋は楽しいのである。現在では、お母さんの手づくりの食事も、業者のつくる給食となってしまっている。外注化して、安易な方向に走ってしまっているのだ。「ファベラの料理自慢のお母さんが腕を振るって食事をつくるのと、愛がまったくない外注業者につくらせることの違いがなぜ理解できないのか」と中村は嘆息する。

中村がまだパラナ州の環境局長時代に環境寺小屋に連れて行ってもらったことがある。校長である

10年前の環境寺子屋では子供たちが楽しそうに遊んでいた

引退後に環境寺子屋を訪れる中村

ファベラの母親が中村を見るとすごく嬉しそうに抱きついてきたのが印象的であった。環境寺小屋をつくってきた中村への親愛の情があふれ出ており、私にもいかに中村が彼女のコミュニティに貢献したかを切々と述べてくれた。当時の環境寺小屋は、食堂にファベラの母親が何名も子供たちの昼食の調理に勤しんでおり、そのプロジェクトのすばらしさにおおいなる感銘を受けたものである。それは、コミュニティの子供たちを健康に育てるために、コミュニティの母親が団結して、働いている光景であった。

しかし、その後二〇〇三年二月に学生を連れてクリチバに行ったとき、中村に頼んで環境寺小屋に連れて行ってもらったら、なんとその環境寺小屋が廃校になっていた。驚いて中村がそばにいた住民に尋ねたところ、環境寺小屋は予算不足のために廃校にさせられたとのこと。さらに、その住民は近くにある公共施設の焼け跡を指さし、「我々のことをまったく考えない市役所に腹が立った住民が火をつけて燃やしたのさ。俺じゃないけど、市役所ざまあみろという気分だよ」と言い放った。

そのときの中村の悲しそうな顔は忘れられない。あれだけ奮闘して実現させ、大きな成果を得て、そしてクリチバ市内だけでなく、世界的にも評価されていたプロジェクトが、その発案者にもなんの断りもなく、勝手に廃止させられてしまう。そこに筆者はブラジルの冷たさ、ドライさを感じるのと同時に、そういう国でも負けることなく、次から次へとチャレンジを続けてきた中村の偉大さを改めて知るのであった。環境寺小屋を廃止した市役所の判断は、市民の猛反発を受け、その後復活するが、中村が考案した環境寺小屋とはずいぶんと様相が違うものとなってしまっている。

二〇〇五年には環境寺小屋は、多くの予算を獲得し、その先生もファベラのお母さんではなくて資格を有したオフィシャルな先生が行なうようになってしまった。そこでは、歯磨き、タオル、Tシャツといった一式を配布され、また本やクレヨン・セットなども与えられる。しかし、この動きを中村は苦い目で見ている。中村もずいぶんとこれに関してはクレームをつけたが、環境寺小屋の管理運営を行なっている環境市民大学はその意見を受け入れていない。

ファベラの子供たちに油絵を描かせている。その日のご飯を食べられない子供に対して、そんなことをしても現実とかけ離れすぎている。環境教育は、ファベラの空き地に育つ雑草でだってできることである。スイスなどの環境先進国のモデル事例を採り入れようとして躍起になっている。結果、現実と離れた環境教育に走ってしまっている。

この事実は興味深い。中村は一九九二年にクリチバの名誉市民となっている。同市の環境局長を務め、彼のリーダーシップのもと実践した、創造性と知恵に富んだ多くの環境政策は世界で賞賛されている。その中村の意見を環境市民大学は聞き入れないのだ。

環境寺小屋に関して、当時のタニグチ市長が盟友である中村のコメントを聞きに来なかったことは、筆者の邪推かもしれないが、社会福祉局が入り込んでしまったことが原因ではないかと思われる。社会福祉局のヘッドがタニグチの妻のマリナであった。マリナは、タニグチが二〇〇四年の市長選でレルネル・チームが推した現市長と異なる立候補を推すことをタニグチに説き伏せ、タニグチがレルネル・チームと対立する要因をつくった。したがって、レルネル・チームの中村がつくりあげた環境寺小屋の方針を変えるうえでも、タニグチに中村の意見を聞かせないようにしたのではないか、と推察される。タニグチは、決して無礼なことはしない気配りができる人間である。クリチバ・インダストリアル・シティ、クリチバのバス・システム等、レルネルの懐刀として、現在のクリチバをつくりあげることに多大なる貢献をしたタニグチがレルネルや中村と距離を置いてしまったことは、クリチバにとっては残念でならない（その後、タニグチはレルネルや中村と和解する）。また、二〇〇三年以降、レルネルのあとを継いでパラナ州知事となったのが、中村を蛇蝎のごとく嫌っていたヘキオンであったことも影響があるかもしれない。

環境寺小屋と中村の関係を知るうえで、面白いエピソードがある。二〇〇五年、クリチバに世田谷区の職員が視察に訪れ、中村が案内した。環境寺小屋改めて「エコス」を訪れた一行を社会福祉局の若い担当者が説明した。この担当者はまさか、自分の話を通訳しているのが、環境寺小屋のプログラムを考えついた中村とは露ほども知らない。中村の秘書の梶原真理は多少、ひやひやとしてそのやりとりをみていたが、中村は飄々として単なる通訳に徹している。この担当者は、しかも「クリチバには他にごみ買いプログラムというすばらしい事業も行なっているのです」みたいなことまで話し始めた。そこで、タイミングよく中村の携帯電話が鳴った。携帯電話で中村が話をしているとき、この担当者が梶原に「ところで、この通訳をしている人は誰なのですか」と聞いたので、梶原は「元環境局長の中村さんですよ」と答える。すると、担当者は興奮状態になった。環境寺小屋、そしてごみ買いプログラムを立ち上げた元環境局長の中村ひとしがいま、目の前にいる！　電話で話し終えた中村に対して、この担当者は興奮気味で世田谷区の職員がいることも忘れて、環境寺小屋のプロジェクトにいかに感銘を受けたか、などの話を延々としはじめたそうだ。

中村はいまでも決して、環境寺小屋の新しい名称エコスという言葉を使わない。いまでも彼は「ピア・アンビアンテール」と呼ぶ。

（1）URBS：クリチバの公共交通システムを管理する公社。
（2）詳細は拙著『人間都市クリチバ』を参照。
（3）大阪市西成区にある日雇い労働者の就労する場所。いわゆるドヤ街。
（4）残念ながら、この掲示板は、現在は撤去されている。その理由は中村も不明である。
（5）中村ひとし「クリチバの環境教育——社会問題解決にも予想以上の効果」（『グローバルネット』第三一号、一九九三年六月）。
（6）原題は *Cidade de Deus.* 二〇〇二年に製作されたブラジルの映画。フェルナンド・メイレレス監督が、パウロ・リンスの同名小説を脚色して映画化した。リオデジャネイロのファベラを舞台とした少年ギャングの抗争を描く。
（7）アンジェロ・イシ『ブラジルを知るための55章』（明石書店、二〇〇一年）。

8　ランドスケープ・アーキテクトとして八面六臂の活躍

クリチバ市の環境局長となった中村は、さらに多くの緑地を整備していく。とくに、この時期は後述する開発権移転制度が、緑地保全のためにも適用できるようになったこともあり、バリグイ河川や多くの石切場を市が確保し、緑地を整備していった。中村の緑地整備の考えは、緑地として残っているところをいちはやく確保してしまうということ。そして、そういう場所は往々にして、他に使いようのなかった価値のない場所である。そのような負の場所を、最も輝く場所としてよみがえらせる。クリチバ・マジックとも言うべき、数々の空間整備事業の指揮をとったのが中村であり、その根底には日本的な庭園設計の哲学が流れている。以下、中村がクリチバ市の環境局長時代に手がけたランドスケープのプロジェクトを紹介する。

環境市民大学

環境市民大学は市の北部にあるザニネリの森の中にある石切場の跡地につくられた、環境教育を実施するための教育施設である。人間が一度は環境を破壊し、その後、自然が環境を回復しつつあるところで、人と自然、そして環境問題について誰でもが考えられるところ。豊かな自然環境があって、石切場があるところで環境問題を人々にじっくり考えて欲しい。そのような場としてこの環境市民大学はつくられた。

環境市民大学

環境市民大学も中村は設計図なしでつくった。石切場の岩のあいだから湧き水が出ていて沼地となっていたので、ここに池をつくることにした。レルネルはこの池に人が入れるチューブ型のものを挿入して、水の中に人が入れるようなことを考えた。そして水の中に教室をつくろうとまで考えたが、水の透明度があまりよくなかったこともあり、そのアイデアは断念した。

沼地からは小川がちょろちょろと流れていた。地面がどろどろであり、とても歩けなかった。盛土にするか、木橋をつくるかのどちらかしかなかったのだが、後者にする。なるべく視点が下にいくように、橋から小川へと落ちてしまうような隙間も設けた。日本庭園のような、下に目を向けさせるために、飛び石を不連続にする工夫をしたのである。

修学院離宮のように暗くなったあと、いっぺんに眺望が開ける、といった空間的な演出をした。岸壁の演出を強烈なものにするためには、遠くから観ても迫力がないので、近くまできて急に視界が広がるようにした。

石切場に滝を落とそうというアイデアは、レルネルに「イトシ、それはやりすぎだ」と言われて実現できなかった。とはいえ、チューブのアイデアのほうが大胆だとは思うが。また、事務所と大学の教室のあいだに吊り橋をつくろうというアイデアまでももっていたのだが、これは時間切れで実現されなかった。それにしても、現場に行くと、そこに吊り橋というのは、すさまじき遊び心であると驚く。その発想に、中村が非常に自由な創造力を有していることがうかがえる。

環境市民大学の建設中にちょうど妹の加代子がクリチバを訪れていた。日本であれば局長が現場に行くというと、立ち位置をどこにするか、などの調整にてんやわんやであるのに、クリチバではまったくそんなことに頓着しない。これに加代子は驚いた。しかも、これから会議をすると言うので、どこに机があるのか、と思っていたら現場で五人が立ちながらやっている。そして十五分くらい話し合

ドラマティックな空間を演出するために、中村はアプローチにいろいろと工夫を凝らせた

うと、パッ、パッと次々と職人に指示を出す。本当に早い。もちろん、事業も突貫工事なので、うんうんと考えている余裕はいっさいないのだが、それにしても仕事のすばやさに驚いたそうだ。

環境市民大学は一九九二年六月五日に開校した。ここでは、新しい環境政策などを市民に説明するための講義を行なったり、タクシーの運転手に環境都市クリチバを訪れる観光客をガイドできるような講義を行なったりしている。さらに、国内の他都市や海外からの専門家が研修を受けたりする場所として使われている。

植物園

クリチバの都心からほど近いところに、ごみ捨て場となっていた保健局の土地があった。環境都市宣言をしたレルネルは、このごみ捨て場をどうにかしたいとつねづね頭を悩ませていた。一方、クリチバは人口一〇〇万人を超えた大都市になったにもかかわらず、植物園を有していなかった。そこで、この土地を植物園として整備しようと考えた。保健局の土地に隣接していたのは、フランス人の大地主が有する土地であった。そこで、この大地主から土地を寄付してもらい、この二つの土地を合わせた場所に植物園をつくることになったのである。

植物園を設計するうえでは、このフランス人の大地主に敬意を表するためにベルサイユ宮殿のような幾何学状の刈り込みをして、そこに花壇を入れた。強烈な色をもつサルビアとマリゴールドを花壇に植えた。また、温室に関しては、ここが高台にあり、周囲から見渡せる場所に立地することから、レルネルから「クリチバの輝き、クリチバの灯火」を表現するものにしてくれ、と中村は要望される。そこで中村が考案したのが、フランスの香水の入れ物を模した意匠をほどこしたデザイン。なぜ香水なのか、という筆者の質問に中村は「フランスといえば香水でしょう」。え！　そんないい加減なアイデアなんですか、と思わず突っ込みたくなる。しかし、この温室はクリチバを代表するランドマークとなり、日曜日ともなれば結婚の記念写真をここで撮影しようとする新婚カップルが列をつくる。

植物園は新しいクリチバのランドマークとなっている

中村のいい加減なコンセプトの意匠は正解だったのである。中村のおかげで、クリチバの新婚カップルは素敵な記念写真を撮影できるようになったのだ。最近、急増しているクリチバへの観光客の需要に応えるため、以前では販売されていなかったようなクリチバのTシャツが青空市場などでは販売されるようになっている。そのTシャツの絵柄で描かれているのは、この植物園、オスカー・ニーマイヤー博物館、そしてパラナ松などである。中村の茶目っ気でデザインされた植物園の温室であるが、いまではクリチバを代表するランドマークとなっているのだ。

温室で展示される植物は、クリチバ周辺の自生の植物とした。また、レルネルの要望に応えるために、夜に内部からライトアップすることになる。植物は二十四時間、光があたるとあまりよくないという意見をレルネルは「それは本質的な問題ではない」と却下する。この温室は、温室としてはほとんど意味はないものである。規模も小さい。そのような問題に対応するために、中村は後ろに苗をつくる半円形の避難室をもつくっておいた。温室で展示している植物が弱ってくると、この後ろに設置された避難室にて回復できるようにしたのである。植物園は一九九一年につくられ、現在ではクリチバ有数の観光施設になっている。

この植物園ができてまもなく、ある事件が起きる。夜、植物園の温室に石が投げられ、ガラスが割られたのだ。急いで修理をしても、また割られる。犯人を捕まえるために、市の職員たちと夜を明かして見張りをした。すると、犯人のグループがやってきて、石を投げ始めたので、捕まえてみると、植物園の周辺のファベラに住む一〇代の若者たちであった。「なんでそんなことをするんだ」と問い詰めると、我々は貧乏なのに市役所は金持ちのための施設ばかりつくってむしゃくしゃしたんでやったんだ、と言う。そこで、「そんなことはない。これは、君たちのものでもあるんだ。よし、もし君たちにその気があるなら、この植物園の植物の管理の仕方を教えてあげよう。明日の朝、またここで待っているから」と中村は提案した。中村は、若者たちが戻ってくるとはさほど期待していなかった。しかし、何人もの若者が翌日の朝にはやってきたのである。

「これはうまくいくぞ。市へのひがみに起因する反発をなくし、市の政策を理解させる千載一遇のチャンスだ」と中村は思ったそうである。当時の社会福祉局長は、レルネル市長の妻のファニー・レルネルであった。彼女は、すばやく中村を支援し、市から彼らに給与が出せるようにし、また彼らの自尊心をくすぐるようにユニフォームまで作成した。

当時は、行政のトップが連携して新しいアイデアを具体化するために協力した。そのために行政的な、煩雑な手続きをなくして、すばやくいろいろと決断することができた。この仕事のすばやさが多くの斬新なプロジェクトが可能となった理由であろう。

この植物園の植物をファベラの若者が管理する、というのはミクロな範囲での地域雇用を創出するうえでの非常に優れた事例であると考えられるのだが、残念ながら、このファベラの若者による植物園の管理は現在、法律違反であると訴えられて実施されていない。この植物園で造園管理の仕方を学んだファベラの若者のなかには、その後、郊外にある工業団地で庭園管理の仕事を得たような者もいる。それにもかかわらず、現在では法律を盾に、このすばらしい研修制度はなくなってしまった。この話をすると、中村は悲しそうな顔をする。

なんで、そんな馬鹿な法律を盾にとるんだろう。ファベラの若者のことをまったく考えていない。

政治的なレベルでの判断で、現実の社会を見ていない。せっかく社会に受け容れられたと思った若者がまた疎外感をもつ。仕事も失って、ギャングになってしまうかもしれない。そのことによる社会の損失のほうが、昔つくられた法律を遵守することの利益よりはるかに大きいことがなぜ、わからないいんだろう。

九月七日通り

人間を自動車より優先させる。クリチバは人間のための都市づくりを実践する。その考えは、レルネル市長の一期目に実践した一一月一五日通りの歩行者専用道路化、二期目に実践した道路公園の整備、そして三期目に実践した、より広範囲の道路公園の整備へと綿々と繋がっている。そのなかでも、九月七日通りの車幅を狭くするという事業は、道路の拡張、道路の整備にばかり突き進んでいる我が国にとっては、その姿勢を省みる機会を与えてくれるプロジェクトであると考えられる。

この九月七日通りは、大通りであった。都心と西の住宅地とを結ぶ幹線道路として位置づけられていたし、市内で四本しかない都市軸の一つでもあった。しかし、この道路は途中で南と西へと二つにわかれ、南に向かうリパブリカ・アルゼンチーナ通りが都市軸として位置づけられ、分岐点から西へ向かう九月七日通りは、それほど交通量はなかった。沿道の土地利用も住宅が中心であり、そのため道路幅を維持することより、その道路空間を自転車道や緑道にしたほうが沿道住民や周辺の住民にとってはプラスであった。したがって、四車線の道路を二車線にし、余った部分を自転車専用道路、そして植栽を施したミニ公園のようなものとした。これによって、二二メートルほどの幅のあった道路が八メートルほどに狭まることとなった。

九月七日通りでは道路用の空間を一〇メートル狭くしました。九月七日通りは住宅地だったのですが、道路幅が広く、交通量が多く、住宅地としては危険が多すぎたので、思いきって、住宅地区の環境を維持するために、道路を狭くし、その代わりに歩道空間、自転車空間に置き換え、また植栽を施しました。自動車の利便性よりも、そこに住んでいる人たちのクオリティを優先したのです。

このようなプロジェクトによって、住民たちが自動車よりも歩行者を優先することの価値を知ることができます。クリチバではある意味では、道路は公園のためにある。公園がなければ、道路を潰してつくってしまえばいい。まあ、そんなにも極端ではないかもしれませんが、道路が人間より優先されることはありません。

この道路を半分にする事業の費用を負担したのは沿道の住民たちであった。当初、中村の話を筆者は信じなかった。「中村さんは多くの驚くべきことを市民と一緒になって実施してきた。しかし、道路を半分にする事業を沿道住民が負担する。そんなうまい話はさすがにないだろう」。そして、無礼

9月7日通りは、車道幅を22メートルから8メートルまで狭めた

極まりないことだが、私の仮説を検証するために、この半分になった道路を歩いている人たちに取材を敢行したのである。

「失礼ですが、この道路沿いにお住まいですか」。

「はい、そうです」。

「車道を狭めて歩道にする際に、沿道の住民が事業費を出したという話を聞いたのですが、あなたも負担されたのですか」。

「負担しました」。

え！　本当だったのか。

「そのさい、抵抗はありませんでしたか」。

「ここを改善することによって、利益を得るのは沿道住民です。自分の住宅環境がこれだけ向上するのですから、負担するのは当然のことだと思います」。

筆者が己れの人間的矮小さと、瞬間でも中村の話を疑った自分をおおいに恥じたことは言うまでもない。

タングア公園

タングア公園はクリチバ市の北西部にあり、石切場からのすばらしい展望が楽しめたり、池ではボート遊びができたり、豪快な滝の展望が楽しめたりする、四五ヘクタールという広大な面積を有している野性味あふれる公園で、多くの市民に親しまれている。しかし、ここは一九九〇年まではバリグイ川上流にある民間企業が有していた元石切場で、その企業が出す鉛を含有するペンキなどの毒性のある産業廃棄物を棄てておくような場所であった。そこを中村は公園にしようと提案した。

レルネル市長が三回目の市長を務め、中村が環境局長をしていたころ、クリチバはすさまじい勢いで公園を整備していくのだが、それは公園を整備するための土地を確保する画期的な制度ができたためである。その制度とは、公園を整備するために民間が土地を市役所に提供した場合、市内の指定された土地の容積率をボーナスとしてもらえるという開発権移転制度だ。この制度自体はクリチバ市が歴史建築物を保全するために、ニューヨーク市の類似制度を真似して導入したのだが、それをさらに公園整備のための土地にまで拡張したのである。この制度を用いて市役所は、タングア公園の土地を獲得した。この土地をもっていた民間企業は、市内の工業団地に代わりとなる土地を入手した。

企業が産業廃棄物を棄てていたところには、水を敷いて池にした。大きな崖があったのだが、そこには立派な滝をつくった。さらに、その滝壺にまでアクセスできるよう、崖に穴を掘ってトンネルまでもつくってしまった。

なぜ、滝をつくったのか。筆者のこの質問に対して、中村の答えはいかにもそっけない。「滝があったほうが、ないより断然いいと思わんかい」。いや、そう言われればその通りだ。この滝があるために、ただの石切場の崖が特別な場所へと変貌する。滝がアイ・ストップとして、この景観にアクセントと緊張感をもたらす。しかし、上意下達の日本のサラリーマン、公務員は、そういうことをしたら面白いだろうな、と思っていても実行にまで移そうとはしない。とりあえず冒険的なことをするよりも、無難なことをして済ませてしまおうという後ろ向きな発想になってしまう。中村は、そんな日本のサラリーマン、公務員的思考とはまったく無縁な豪放磊落さを備えていることが、このエピソードからも伺える。

タングア公園は設計図なしでつくった。それが中村流である。どのようにして、設計図なしでつくるのであろうか。中村は現場第一主義である。現場に出向き、そこでイメージを膨らませる。何人かと相談をし、決定する。決定したあとは、ひたすらどんどんつくっていくだけである。つくりかたは中村が現場でそのつど指示していく。ある意味で、楽譜がない即興での音楽演奏のようなものだ。どうしてそのような方法を採ったのか。中村は、設計図の悪いところは、その設計図通りにつくろうとすると邪魔になる木が伐られしまうことであると言う。しかし、設計図がなければそのような場合、木を伐らなくても済む。これは中村だけの手法で、市役所でも他の人はやはり設計図を施行前につくっているそうだ。もちろん、中村でも役所の書類として必要なための設計図は作成している。ただし、それは設計するために必要としているものではなく、あくまでお役所業務の一環として作成しているだけなのだ。

設計図が悪いのは、人と自然との関係性がわかっていないものをつくってしまうからです。本当は現場の土地と話をしながら、道やら橋やらベンチやらをつくらなくてはならない。設計図があると、ベンチを置くところに木があったら、その木を伐ってしまう。建築家の悪いところの一つは、設計図を描くと大袈裟なものにしてしまうことです。施行する人がわかりやすいために設計するのに、設計図が目的に合わないものとなってしまう場合がある。

タングア公園

公園造成の場合、自然との絡み合いが八〇％ぐらいを占める。それまで開発されずに残っていた森林において公園を造成する場合、まさか一本一本の木を測量して図面に置くわけにはいかない。一番簡単なのは、現場に赴いて、実際に道をつくっていくことです。ここ、ここ、ここ、と私が道となる場所を決めて、その後、トラクターが造成していく。そうすると、倒さなくてはならない木は最少になるし、面白い地点を結んだ散策路ができる。

これらを一つ一つ調査をして計画しようとしたら、非現実的で実施できなくなってしまう。これは、実践のなかで私が考えついた方法です。

中村も昔は設計図を用いた。しかし、どうも設計図を一生懸命作成しても本質的ではないと考えるにいたった。レルネルも中村のやりかたを認めた。中村が最初に入り、トラクターが入り、設計部隊が入り、そうすればプロジェクトができると公言したこともあるそうだ。もちろん、中村は手ぶらで入っていくわけではない。測量図は手元にあるし、もし手元にない場合には最初に測量部隊を入れている。それは、すばやく実行に移すということをつねに優先する中村だからこそ、編み出した手法であるとも考えられる。

この手法は現実的でもあった。中村は建築のシンジケートに入っていないので、設計図のサインをすることができない。設計図も個人の名前では出さずに、環境局の名前で出している。現在では、個人の責任者のサインをしなくてはならないような条例がつくられたが、当時はそのような必要性はなかった。このような状況も、中村の功績があまり人に知られない背景にあると考えられる。

チングイ公園

チングイ公園はバリグイ川の上流部分、バリグイ公園とタングア公園の中間に位置する。バリグイ川の河川敷にカピバラが遊んでいる姿が目撃できる、牧歌的な三八ヘクタールを擁する雄大な公園である。この公園がつくられた土地は、ウクライナ系移民の三家族が所有していた。この土地は頻繁に洪水が起きたので、クリチバ市としてはどうにかして、ここに治水機能をもたせた公園を整備したいと考えた。そこで、この地主と交渉をした。「所有する土地の半分を市に提供してくれれば、残りの土地の用途を変更して戸建て住宅を建設できるようにしましょう」。この提案を受け入れた三人の地主から受け取った土地を利用して、河川沿いの公園を中村は設計することとなった。

チングイ公園の設計上の工夫としては、まず水害を減らすことであった。そのために池を多くつくろうと考えた。目測で、ここは池にできる、とあたりをつけ、どんどんと植物が生えていないところを池にしていった。その池を面白いものにしようとして、橋に屋根をつけた。この屋根は機能的な意味はなく、面白味を演出するためである。また、この三人の地主に敬意を表すために、ウクライナ風の建築物をつくり、ウクライナの文化風土の展示施設とした。

チングイ公園に隣接した地主の所有地はクリチバ屈指の高級住宅地として開発されることになった。我が国ではみられないような大豪邸が緑の中に建っている。地主は半分の土地は寄付したが、残りの土地を戸建て住宅地として開発できるようにしたので、結果的には多大な利益を得ることができた。市民は公園を獲得し、市役所は洪水を防ぎ、そして地主は利益を得る。一石三鳥のクリチバらしい公園整備である。

パサウナ公園

クリチバ市の西側の市境にはパサウナ川が流れている。それまではクリチバはイグアス川の上流から取水していたのだが、これが不足しつつあったので、パラナ州の上下水道局(1)はパサウナ川に貯水池を設けることとなった。それに合わせて、浸水する周辺の田畑の土地を買収するようにした。これに便乗して、市では、この貯水池の水質を守り、また不法侵入を阻止するために周辺に公園を整備することにした。市民をできるかぎり水のそばにいかせることで、水との関係性を教え、水を大切にする意義を理解してもらうことを意図したのである。しかし、ちょうど中村の天敵ヘキオンが知事選挙に勝ち、彼が州知事になるまでわずか三ヶ月しかないような状況になってしまった。慌てた中村たちは、ヘキオンが州知事に就任する二ヶ月前に貯水池の周辺を公園として保護するという契約を当時の知事と結んだ。なぜなら、貯水池は州の管轄である。したがって、州知事になったらヘキオンは勝手に公園などをつくってもらっては困ると言うことが予想されたので、その前に公園を整備するしかなくなったからである。

この公園づくりはカーニバルの休みも返上してつくりあげることになった。中村は竣工式で、「我々のカーニバルは工事をしながら、ダムの上でやった」と挨拶した。

このパサウナ公園は六五〇ヘクタールとたいへん規模が大きいのであるが、ここでもやはり中村は設計図をつくらずに、中村流の現場で指示、という方法でつくりあげていったのである。これは、設計図を作成していたらとても二ヶ月では公園ができないであろうと判断したからでもある。設計図は竣工してからつくりあげた。この公園は、設計図なしでつくるという中村流でなければつくりあげることは不可能であったと思われる。

ウクライナ風の建物を地主への感謝を込めて建設したチングイ公園

中村とパサウナ公園の展望台

ショベル・カーに乗って見晴し台の展望を確認する中村（手前左端）とレルネル（中村の右隣）（写真提供：中村ひとし）

また、このパサウナ公園は貯水池である湖を展望するすばらしい見晴し台があるのだが、整備をしているときはそのようなものをつくるアイデアはまったくなかった。しかし、いろいろと踏査をしているうちに中村がそのことに気づき、さっそくレルネルに現地に来てもらい、見晴し台の視座を体験してもらうために、ショベル・カーのシャベルに入ってもらい、空中からその展望を確認してもらった。レルネルは、その展望のすばらしさを認め、即座にこの見晴し台をつくることを許可したそうだ。レルネルはいまでも、このショベル・カーのシャベルに乗っている自分の写真を人々に見せるそうである。

花博での出展

一九九〇年に大阪で開催された花博。ブラジルからはクリチバが出展をして、見事多くの賞を獲得するのだが、これはまさに瓢箪から駒のような偶然がいくつか重なったことによって実現したものであった。そもそも、当初はブラジル関連の出展は、ブラジル連邦国のものと、大阪市、大阪府の姉妹都市であるサンパウロ市、サンパウロ州が出す予定であり、中村は大阪でそのような博覧会があることさえ知らなかった。

ちょうど、この花博が開催される少し前に姫路で市制一〇〇周年記念事業があり、クリチバをはじめとした姉妹都市が、それに招待された。クリチバからは、中村とレルネルがシンポジウムに呼ばれた。そのついでに大阪市役所に立ち寄って、中村の大学時代の先輩と話をしていると、今度大阪で開催する花博で展示すると約束していたサンパウロ市がウンともスンとも言ってこない、ちょっと代わりにクリチバで展示を考えてくれないか、との相談を受ける。費用はクリチバのほうではいっさい出さなくていいから、とまで言う。中村は直感的にいい話だなと思ったが、レルネルは考えさせてくれ、と即答を避けた。

結局、レルネルはクリチバ市の事業として参加することに対しては首肯しなかったが、それでも中村はクリチバを広報するにはすばらしい機会であると考え、部下のセルジオや家族を引き連れて、このこと大阪に出かけていった。中村は、この花博では、クリチバの花通りを再現しようと考えたのである。

さて、クリチバ側は歓待されるであろうと思い、にこにこと中村一行が大阪市に出向いていくと、大阪市の受け入れ状況は中村たちが想像していたものとはまったく異なったものであった。中村の責任ではまったくないのだが、サンパウロ市をはじめとしたブラジル側の不誠実な対応に大阪市の職員は相当カリカリきていた。当然である。万博の展示なのに、なんの用意もしないどころか、出るか出ないかも返事をしてこなかったのである。ブラジルへの不満がまさに頂点に達しようとしたとき、サンパウロ市と関係はないが、ブラジルから中村がやってきた。ブラジルへの怒りは、中村たちへと向けられた。中村は歓迎されるどころか、まったく冷遇されたことで当惑したが、ほとんど協力を得られない状況で、孤軍奮闘する。ごみの捨て場所でさえ教えてくれない、というような状況であったそうだ。

　昼には準備の活動をさせてもらえず、夜中に突貫工事をすることになった。長女の麻友美、長男の健太郎も連日の徹夜作業に借り出された。それまで日本が大好きであった麻友美と健太郎は、この事件がきっかけで以後、日本が嫌いになるそうであるが、日本人にとっては心が痛む話である。このイベントでの中村の奮闘ぶりはすさまじい。花通りの再現ということで、花通りと同様に花壇、花屋、コーヒーショップを置き、壁には本物の花通りの写真を展示した。そして、花屋でクリチバ市近郊の花を展示した。

　しかし、このプロジェクトを実現させるためには予算的な問題が生じた。クリチバ市からは少額の予算を捻出することができたが、それは中村が思い描いたものを実現するには不足していた。そのため、このプロジェクトで中村自身は多くを持ち出しすることになった。ベンチとか花壇を日本でつくってもらったのだが、その費用をクリチバで精算することはややこしくてできなかったので自腹を切ったのである。夜、人夫を雇うと一時間で五〇〇〇円もかかった。予算がなく、人夫を雇えなかったため、中村に同行してクリチバから来た人たちは皆、三日間徹夜をした。中村、セルジオ・トキオ、植物担当マリア・ルーシア、イプキの職員、蘭の専門家、そして中村の家族たちであった。会場に設営するベンチや花壇などは、中村の高校の後輩で大工をしていた山田がつくった。

　結果的には、このプロジェクトは大成功を収め、一四の賞を受賞する。コンセプト、花の展示、自生蘭などの賞である。中村の執念の勝利である。どんなに恵まれない環境でも決して諦めない。そして、自分を疎んじた人々にも、最終的には受け入れられるように努める（ヘキオンなどの例外はあるが）。クリチバでの仕事ではないが、中村らしさがうかがえる花博での展示であった。

このプロジェクトにレルネルはいっさい関知せず、ほとんど中村の勝手で実施した。ただし、この花博では、中村たちは日本の植栽の技術の高さを改めて認識した。特に、花の壁、花の塔といった立体的に花を演出する手法には感心させられた。いまでこそ、これらの手法はそれほど目新しくないかもしれないが、当時の中村たちには驚きであった。そこで、さっそく花通りにて、それらの多くを試してみた。装いを新たにした花通りを、散歩していたクリチバのおばさんたちが、「これだからクリチバで生活するのはたまらない」と感動をしていたのを中村の部下が目撃して、深く感銘を受けたというエピソードもある。

また、これを機に中村と大阪市との交流が始まる。その後、第一七代大阪市長となる關淳一は、当時環境保健局長であった。一九九二年の地球サミットでクリチバを訪れ、中村と再会する。当初はろくな歓迎もしなかった大阪市であったが、クリチバ市を訪問することで改めて環境レベルの高さに感心して、一九九四年一月には環境に関する姉妹都市協定を結ぶことになったのである。大阪市が環境分野で国際交流するのは、相手都市へ技術を提供するのが中心であったが、この協定では「クリチバ市から環境対策のノウハウを学ぶことが目的」（「毎日新聞」一九九四年一月一九日）であった。

針金オペラ座

針金オペラ座は、クリチバ市の北側の丘陵地帯の都心から一〇キロメートルぐらい離れた場所にある。クリチバ市が所有していた石切場の跡地で、以前はダイナマイトを使って採石していた。しかし、市街地が発達してきたため、ダイナマイトが使用できなくなり、放置されたままになっていた。やがて、そこは麻薬の取引がなされたり、泥棒の隠れ家として使われたりするような場所になってしまった。また、湧き水が出ていたのだが、周辺の住宅地などにも水が漏れるようになっていた。ある意味で、クリチバ市でも最も汚いところであった。ここを再生しようとしても崖があるので工場もできないし、住宅もつくれない。放っておくしかない、というようなところであった。どうにかできないかと中村が考えていたとき、ある事件が起きる。

ブラジルじゅうの劇関係者を集めた全国大会をクリチバ市が開催しなくてはならなくなったのだが、そのときの州知事はレルネル－中村の天敵へキオンであった。このイベントを開催できる劇場は、クリチバ市には花通りの終点のそばにあるガイラ劇場しかなかったのだが、これは州の劇場であった。そして案の定、へキオン州知事は、市役所のこの行事にガイラ劇場を貸さないと言い出したのだ。しかし、代わりとなる劇場はなかった。そのために、もう市で劇場をつくるしかない、という話になり、その場所を探しているなか、この石切場が候補地として白羽の矢が立った。

石によって空間が囲まれている、というのはある意味で劇場のようなものである。しかも、湧き水があったので、それによって池をつくることにし、池を渡って劇場にアプローチするというドラマチックな空間を演出することができる。劇場自体は、たいしたものはできないであろう。しかし、背に腹は代えられない。ここをガイラ劇場の代替地にすることに決定した。

通常の工事では、入札の関係でとてもではないがイベントまでに間に合わない。したがって、入札を三つだけに分類した。モノを買う入札、土台をつくる入札、屋根関係をつくる入札である。弁護士の団体に突っ込まれないように、部下には入札のルールを勉強するように指示をして、あとはレルネルのいつものセリフ「イトシ、あとはしっかりやっておけ」。期待を裏切らず、三ヶ月でつくってしまった。技術的には二センチずれたらきちんとはまらないようなやりかたであったが、無事に建物はつくられた。このオペラ座劇場は周囲の空間を見渡せるように総ガラス張りにしたため、音響効果はお世辞にもいいものではない。収

針金オペラ座

容人数も二四〇〇人程度。劇場としては二流、三流。しかし、中村は自然の中でオペラを聴いてもらうという雰囲気を優先させた。そして、総ガラス張りにしたことで夜間、このオペラ座に光を灯すと、その光が周囲にもれて、巨大な電球のような幻想的な景観をつくりだす。このような空間の演出によって、このオペラ座はクリチバを代表するランドマークとなったのである。イベントも大成功を収めた。ある意味では、ヘキオンの意地悪がもたらした副産物でもあった。

ヘキオンさんの意地悪がレルネル市長を駆り立てる。「問題が解決である（Problem is a solution）」（レルネルの口癖）ということで人間、窮地に立つと案外力が出てくるわけね。ヘキオンさんを表彰しなきゃいかんな。

ここに彼女のいない男の子が女の子を夕暮れどきに連れてきたら、たちまち恋人になってしまう。そんなロマンチックな場所をつくることを心がけてつくったと中村は述懐する。人と自然が共振するようなすばらしい空間をつくることを意識した。本施設は、中村がクリチバ市の環境局長時代に手がけたプロジェクトのなかで、最も印象に残っているものである。

樹木の伐採禁止条例

中村は、豊かな自然を活かした公園、緑の空間を創造するのと同時に、既存の自然を保全するために樹木の伐採禁止条例を制定した。そもそも無許可で樹木を伐採することは、連邦政府によって禁止されていた。しかし、罰則も監視体制もなかったので、この法律は有名無実化していた。

そのような状況を改善するために、クリチバ市では、連邦政府の権限を市に委譲してもらい、クリチバ市においては、市役所の許可なくしては、いかなる樹木も伐ることはできないようにした。これは、連邦政府の職員が無許可での樹木伐採を監視するのも取り締まるのも不可能に近かったので、現実的な対応であった。あるいは伐採の許可が得られたとしても、一本の樹木を伐採した場合は、新たに二本の樹木を植えなくてはならない。これがクリチバ市のシンボルでもあるパラナ松とイッペイの木の場合は、一本伐採すると新たに四本植えなくてはならないようにした（この場合は、パラナ松やイッペイの木でなくてもいいが、クリチバ地方の自生の木でなくてはならない）。自分の土地に植えるだけの余地がない場合は、代わりに市役所が公園などに植えることになる。当然、そのためのコストは樹木を伐採したものが支払うことになる。

もし、無許可で伐採した場合は、罰金を徴収される。無断でパラナ松の森林を伐採したような悪質な事件が起きたとしても、市役所のほうでこれらの森のデータベースを保有しているので、伐採が起きたあとの空撮写真と比較して、しっかりと罰金の請求ができるようにしている。

また、市役所環境ホットライン五一六というものも設置した。これは、環境についてたとえば木を伐ったり、ごみを捨てたりしたような問題を目撃した場合、この電話番号に連絡すると市役所が即座に対応するというものである。中村は、大事なのは条例ができることではなく、いかにしっかりと違反者が取り締まれるかどうかだと言う。ただし、市役所が即座に対応といってもクリチバ市は南北三〇キロメートル、東西二二キロメートルと広大だ。そこで、区役所の職員を集めて、とりあえず市役所の職員がそこに着くまでは、現地へ行ってくれと依頼した。市民にとっては、連絡するとすぐ市の職員が調査に行くといった印象をもたれることが重要であるからだ。クリチバ市民の環境意識の高さは、このような市役所の姿勢から醸成されたと言えるであろう。

一九九二年六月一八日の「日経新聞」に中村のこの条例によって、市内の自動車組立て会社から和解を求める一通の書類が届いたことが紹介されている。

「市が造成した二十万人規模の工業団地内の二ヘクタールの敷地で、千本の木を無断で切り倒したとして罰金五七〇〇万クルゼイロ（約二七四万円）と新たに一万本の植栽を命じて、工場の操業を許可しなかった。和解金は一万本の植栽と六トン車の分別収集車一台を市に寄贈するという内容だった」。

また、一九九四年ごろには「水に注目しましょう」という環境教育のプログラムも実施した。これは、市民に自分の近くにある湧き水、川、池などに注目させるためのプログラムである。そのために、小学校の児童に、簡単に水の検査ができる用具を提供して、毎月の水の変化について調査させるようにした。市役所の技術者がまわって、いろいろと調査の仕方を指導した。この事業は、環境基金から補助を受けることができたので、環境移動教育できるバスを購入したりもした。このプログラムの背景には、中村が小学校のときに、一生懸命、毎日、仲間と温度を測った経験があるのではないだろうか。

以上のように多くの公園を整備し、緑や水といった環境を大切にするプログラムなどを実施したことで、クリチバ市の緑地は大幅に増加し、人々もその政策を支持するようになっていった。中村がクリチバの環境局長を辞めた一九九五年には、クリチバ市は全市域の一八%が緑地で、街路樹を除いた人口あたりの緑地は四九㎡という豊かな生活空間を実現した（参考までに東京都の人口一人あたりの緑地は四㎡以下）。クリチバ市の公園面積の合計は一八八〇ヘクタールにも及ぶ。一九七〇年からわずか三〇年のあいだに、クリチバ市は多くの緑と広場という市民の共有財産を獲得したが、それを推進させ、具体化したのは中村だったのだ。

（1）上下水道は市ではなく、州の所管となる。

9　ローカル・アジェンダ開催とグレカ市長の登場

ローカル・アジェンダの開催

一九九二年、レルネル市長の任期最後の年にクリチバの名を世界に知らしめることになるイベントが開催された。リオデジャネイロで国連の世界環境会議が開催されたのだが、それに合わせてクリチバでは、同年五月二七日から二九日まで、ローカル・アジェンダの会議（UNCED世界都市フォーラム）が開催されることになったのである。これはアジェンダ21の地域版として位置づけられた。世界各国から約六〇都市、一四国連機関の参加を得て、この世界都市フォーラムが開催され、「持続可能な開発に向けてのクリチバコミットメント」が採択された。

この会議をクリチバで行なうことは、環境都市クリチバの成果を世界に発信する大きなチャンスとなった。しかし、問題は会議を開催する場所がなかったことである。そこで、バリグイ公園にシンポジウムを開催する会議場を設置することになる。この会議場をつくったのは、中村の環境局であった。

会議場のステージは、バリグイ川の湖に面し、会場から湖も展望できるように、その壁はガラスでつくられることになった。世界環境都市会議の開会式は、針金オペラ座。前述した關大阪環境局長は大気汚染に関しての報告を行なった。海外から多くの人がクリチバを訪れたのだが、クリチバの環境政策・都市政策の先進性、その優れたプロジェクトを目のあたりにして、「外国参加者は、その知恵の豊かさに目を丸くした」（「日経新聞」一九九二年六月一七日）。

会議自体はお祭りのようなものであるが、クリチバはそつなく世界クラスのお祭りができる都市であるということを世界に発信することができた。レルネルはこのイベントを通じてクリチバという都市の名前を世界に広めるということの重要性を理解していた。結果、クリチバはこの会議でまさに広く世界にその名を知られることになる。私事で恐縮だが、翌年の一九九三年にカリフォルニア大学の大学院に入学した筆者は、複数の先生が講義でクリチバの話をするので興味を覚え、その後、この都市を訪れることになる。この会議でクリチバをおそらく初めて知った先生たちは、まさに南米でエルドラドならぬ宝物を発見したかのような驚き

バリグイ公園につくられたローカル・アジェンダの会議場

と衝撃を覚えたのであろう。レルネルがローカル・アジェンダの会議を通じて発信したクリチバの名は、アメリカの日本人留学生にすぎなかった私にまでも届いたのである。

切り込み隊長としての中村ひとし

多くの成果、そして世界的な賞賛を得て、レルネルは三回目の市長を無事やり遂げた。レルネルがいちかばちかの勝負をするとき、建設局長は非常に曖昧な態度を取るタイプであった。そのため、途中から、レルネルはバス停留所の施工まで環境局の中村に依頼することになる。これは、バス停留所が公園や広場の敷地につくられたからということもあったが、この話からもわかるように、レルネルは困ったときには中村頼みになるような状況になっていた。しかし、環境局にバス停留所の施工までさせてしまうとは、本当にレルネル市長の実践主義はすさまじいものがある。このように、中村は第三期レルネル政権においてまさに切り込み隊長としての役割を担ったのである。

中村は多くの公園をつくり、レルネルの環境都市クリチバのまちづくりの総仕上げをハード面で支えるだけでなく、ソフト面でも環境教育などを通じてその要件を満たせるようにした。さらに、ブラジルのどこの都市も解決できないファベラ問題にも解決の道筋を照らし出すような優れたプログラムを実現させたのであった。

レルネルが三期目の市長に当選したとき、掲げた環境都市クリチバという目標。それを、実現させるうえで中村ひとしが果たした役割はきわめて大きいものがあった。ここに、レルネル－中村のコンビは最大限の相乗効果を生みだし、世界じゅうからブラジルの一地方都市が注目を惹きつけたのである。

グレカ市長の登場

多くの成果と世界的絶賛を浴びたレルネル市長のあとを継いだのは、レルネルの意思を引き継いだラファエロ・グレカであった。本命はカシオ・タニグチであったのだが、グレカが強引に市長の推薦をレルネルから引き出した。その後継者を決める会議に中村も出席していたのだが、同席した者の落胆は非常に大きなものがあったそうだ。皆、レルネルの片腕として世界に誇るクリチバのバス・システムをつくりあげ、またレルネルの政策の金勘定などをしっかりと管理していたタニグチこそが、次期市長としてふさわしいと考えていたのである。ラファエル・グレカは対抗馬と比べると、市民の人気もまったくなかった。そのせいか、選挙が始まっても誰も動こうともしない。中村もタニグチでないことにがっかりしたのだが、それはそれ。グレカに決定したら、徹底的にグレカを支援していくこととする。

さっそく選挙事務所を設置し、コミュテ・エコロジア（エコロジーの選挙事務所）と命名する。真っ黒のデザインのユニフォームをつくった。これは、格好がよいということで評判になる。それまでの選挙運動は、原色を使ったような色彩的にも派手な演出を行なっていたのである。このユニフォームを着させた若い女性をずらっと並べさせて選挙での支持を街頭で訴えた。ブラジル人はだらしないので、整列とかが苦手である。しかし、逆に苦手であるので、そのようなことがしっかりとできると大変格好よく、見栄えがする。この方法論はじつは、明石高校のバスケットボール部の先輩が市議会選に出たときに使ったものであった。その先輩は、明石高校の女子バスケットボール部を駅前で整列させて、支持を訴えたのである。そのとき、ウグイス嬢をしたのが久美子であった。中村は日本の選挙運動をブラジルで応用したのである。また、中村は事務所をつくるが、事務所での経費を受け取るようなことをいっさいしなかった。これは寄付金だけで十分に経費が賄えたからだが、クリーンなイメージを演出するのに一役買った。

中村はすでに市民のなかでは認知度も高く、人気も高かった。グレカはレルネルの支持者の票をしっかりと確保するために、「自分が選挙で市長に選ばれたら、現政権の二人をチームに入れて局長に任命する。その二人はファニー・レルネルと中村ヒトシである」と宣言する。ファニー・レルネルはジャイメ・レルネル夫人のことである。その結果、グレカ市長は当選する。名前も売れていないグレカの当選はマスコミにも驚かれた。三七歳という若い市長の誕生であった。

グレカの口癖は、「クリチバの市長をすることがとても好きなので、給料を貰う代わりに私は支払うべきである」。また、アイデアも飛んでいた。シティズンシップ・ストリート、知識の灯台、「クリチバのレッスン」という十二巻からなる小学生用の教科書の作成、「観光ライン」というバス路線の整備などである。

シティズンシップ・ストリートは、バス・ターミナルに設けられたもので、交通結節点であると同時に、行政サービス、商店、スポーツ施設、レジャー施設などが立地している複合公共施設である。ここはクリチバ市の派出所的役割を有しており、各種申請、税金の支払い、診療所、学校その他の情報提供といった手続きを行なうことができる。加えて店舗、喫茶店、理髪店、美容院、薬局、本屋、ビデオ屋、銀行、郵便局、スポーツ施設や運動場、講堂などが立地している。シティズンシップ・ストリートをバス・ターミナルに設置したのは、市が土地を所有していたのと、アクセスが非常にいいということが理由である。それができる以前は役所へ届け出などをする場合、都心にある市役所にまで来なくてはいけなかったのだが、現在はバス・ターミナルに立地しているシティズンシップ・ストリートに来るだけでいいので、バスを一本乗れば多くの用件を済ますことができる。そこから外に出なければ、片道の料金だけで往復することができる。その結果、人々は都心に行く必要性が減り、お金も節約することができると同時に、都心への流入交通も削減できた。

「知識の灯台」は小さい図書館で、小学校に隣接してつくられている。それまでクリチバ市には大きな図書館は都心や大学にはあったが、近隣コミュニティのためのものは存在していなかった。クリチバの市民の多くは低所得者層に属している。これらの人々の家には子供の勉強部屋はもちろんのこと、宿題をするような空間もない。さらに共働きが多いので鍵っ子がほとんどである。したがって、「知識の灯台」は子供たちが勉強をするための空間としての役割を果たすと同時に、地元の不良にからまれる心配のない安全な居場所を提供することになった。「知識の灯台」は言葉通り、灯台を模した建築物であり、色鮮やかなペンキが施されている。敷地面積は九六㎡に統一されている。灯台の部分は実際暗くなると光を発するのだが、これは知識を暗示するのと同時に夜道を照らし治安を向上するという役割をも担っている。

このグレカ市長の時代においても、中村はレルネル市長の時代を引き継いで、クリチバという都市空間に新たな価値を創出するようなプロジェクトをまた実現させていく。

日本庭園

グレカは、クリチバの市民を構成する多様な民族の文化、歴史を記念する公園づくりを推進する。これは、レルネルがポーランド系移民の文化を祝するために一九八〇年一二月に「ポープの森」をつくったのが最初なのだが、グレカはこれを積極的に他の移民をも祝うような事業として押し進めることにした。こうして、ドイツの森、ウクライナの公園、イタリアの門などを整備していったのである。その一環として、都心から西にちょっと行ったところにある九月七日通り沿いの日本庭園を、より立派なものへとリニューアルすることになった。

日本庭園は、まだ中村が公園部長になる前、レルネル市長の第一期にその一部がつくられた。パラナ州と姉妹都市であった兵庫県から、灯籠がクリチバ市に送られた。この灯籠を置く場所が必要だということで、市の西側にある九月七日通り沿いに広場がつくられることになった。日本人であることから、中村がその広場の設計を請け負うことになる。

さらに一九九三年にクリチバ市の姉妹都市の姫路市から、戸谷松司市長がクリチバを訪問することになり、白鷺城の天守閣にのっているのと同じ白鷺が贈られることとなった。白鷺をのっけた金閣寺のような建物を、戸谷市長がクリチバに来る前につくろうということで、中村は突貫工事をする。わずか四十五日でこの建物はつくられ、いまでは周辺の日本庭園とともに市民に親しまれている。

シティズンシップ・ストリート

知識の灯台

高層マンションの谷間に建つ日本庭園

10　パラナ州の環境局長時代

一九九四年、レルネルはパラナ州の知事に立候補することを決意する。このときも、中村は選挙活動に奔走することになる。レルネルは、自分の選挙活動はパラナ州の各市の市長や議員、大学の先生などにクリチバを観てもらうという戦略で展開したい、と一回目の決起総会で語る。選挙費も少なく、自分が出向くより、皆がクリチバに来てくれたほうが安くつくし、レルネルはいいアイデアだと思っていたようだが、レルネルの支援者は拍子抜けする。二回目の決起総会では、大幅に出席者が減る。レルネルが州知事に当選することは相当怪しいと思われ始め、三回目は、さらに出席者が減った。中村もこれはまずいと思い、不信を抱き始める支援者をよそに、みずからクリチバ・ツアーを率先して企画することになる。

中村が実質的な選挙参謀となり、クリチバのバス・ツアーを企画し、みずからバス・ガイドになって州の人々をクリチバに視察させるようにした。中村に協力したのはエドワルド・パインという市役所の職員であった。とりあえず、この二人で手分けして、二つの自治体でクリチバのツアーを企画した。バスは一台。住民会の会長さんや学校の先生たちを招待した。彼らがバスでやってくると、国道にてスタッフが出迎え、バリグイ公園にある会議場でクリチバの都市政策の説明をした。なんと、この説明をしたのはレルネルではなくて中村であった。自信にあふれ、話術に長けたレルネルを知っている者にはたいへん意外なことだが、レルネルはこの説明をすることが照れくさかったらしく、中村に押しつけたのだ。そもそも会議場に来ることもレルネルは嫌がった。しまいには、「あなたが立候補したのだから、あなたが来ないと話にならないでしょう」と中村に説得されて無理矢理来させられる始末であった。この会議場では昼食もご馳走し、その後、植物園や環境市民大学、針金オペラ座といった中村が手がけたクリチバのランドマークを訪問する。

これが、大変な評判を呼ぶ。パラナ州の自治体が自分たちもクリチバに招待してくれ、と要望を出してくる。最初はバス一台であったのだが、しまいにはバス二〇台くらい、訪問客も一〇〇〇人を超えるくらいの規模へと膨らんでいった。多くの自治体がクリチバを訪れた。ツアーも段々と組織化され、円滑に遂行されるようになる。レルネルもこの人気ぶりに自信をもち、会議場でのクリチバの説明はみずからがするようになる。中村には「お前は日本語をしゃべっていろ」と軽口を叩くほど、上機嫌になっていった。

中村の獅子奮迅の活躍、そしてクリチバ・ツアーの評判によって、レルネルはパラナ州の知事に当選した。

レルネルが当選すると、すぐに中村へ連絡がきた。「イトシ。知事になったら翌日から作業室が必

中村がレルネルのためにつくった知事の作業室

要だ。市長時代と同じようなものをつくってくれ」。中村は少々、困った。というのは、レルネルは、当選はしてもまだ知事になってはいない。すなわち予算がないということだ。とはいえ、正式に知事に就任するまで待っていたら、作業室ができるのが遅れてしまう。しょうがないのでグレカ市長に相談に行くと、「口外しないで欲しいが、あなたがレルネルのもと、州の環境局長になるのは決定している。作業室の予算は市が負担するから、つくってください」。

日本だとちょっと考えられない話だが、当時のブラジルは良くも悪くもいい加減であった。そのいい加減さが裏目に出る場合も多いが、レルネル・チームの場合、このいい加減さが非常にうまくいった。中村は四ヶ月で環境局のそばに、またもやユーカリの古い電信柱を使った、いかにもクリチバらしい作業室を完成させた。レルネルは州知事になって以降、午前中はこの作業室で将来の構想等を考え、午後はネクタイを締めて知事公館へと通勤したのである。

グレカ市長の言った通り、中村はレルネルが州知事に就任すると環境局長に任命された。レルネルは、まずパラナ州の組織改革に手をつけた。クリチバ市と同様にイプキのような組織をつくらなくてはと考えたが、さすがに市と州とでは規模が違いすぎて難しい。そこで既存の企画局という部署の位置づけを格上げし、いままで縦割りで実施してきた企画関連の仕事を企画局で包括的に行なうようにした。さらに、企画局の権限を強化した。そして、企画局のトップに据えたのがカシオ・タニグチであった。三一歳の若さでクリチバ都市公社の所長になり、つねにレルネル市長の片腕として支え続け、その後、グレカのあとを継いで、クリチバの市長となり、レルネルの理念を踏襲したクリチバの都市づくりを完成させることになるタニグチが企画局長に任命されたのである。

その次に行なったことが環境局の強化であった。環境局はそれまで何か調査をしたり、報告書を書いたりするような仕事はあったが、公共土木事業をすることはなかった。しかし、それをできるようにレルネルはさっそく議会で法案を通してしまった。レルネルが意図するところを、州議員はまだ理解していなかったと推察される。こうして組織改編をして、環境局の事業を拡張させた。たとえば、河川管理。河川管理は、公共事業が多く伴ったために建設局の管轄にあったのだが、環境保全という観点をより優先し、環境局の管轄にしてしまった。森林保全についてもそうである。これらの組織改編の目的は、中村の行動力をフルに発揮させるためであった。中村がその能力を十二分に発揮できるような環境づくりを、レルネルは州知事になって真っ先に手をつけたのである。

パラナ州は面積が約二〇万㎢。日本の面積が約三八万㎢であるから、日本の国土の半分以上もある広大な州である。東西の距離は六七四キロメートル、南北は四六八キロメートル。東は大西洋に接し、西部においてはパラナ川を州境とし、南西部においてはアルゼンチン、そしてパラグアイと国境を接している。大西洋岸に沿って南北に延びる海岸山脈が海岸から急激に隆起（最高峰は海抜一九二二メートル）し、そこから緩やかに西に標高は下降し、パラナ川に近づくにつれて低地となっていく。パラナ州にはパラナ川の支流である五つの大きな川（イグアス川、ピキリ川、イヴァイ川、チバシ川、パラナパネマ川）が流れているが、すべて大西洋ではなく、パラナ川へと西方に流れている。クリチバを含め、州の約半分が海抜六〇〇メートル以上の高原であるため、海岸部と西部は熱帯性気候であるが、中部は亜熱帯気候、クリチバを含む南部は温帯性気候である。自然は豊かで、世界遺産にも指定されているイグアスの滝や、パラナ松の群生林は世界的にも貴重な生態系として位置づけられている。人口は一〇〇〇万人を超え、一九九〇年代の人口増加率は一・四％とまだまだ成長過程にある。州都のクリチバが最大の都市であるが、人口五〇万人のロンドリナ、人口三五万人のマリンガなどの中小都市も立地する。

このパラナ州では、中村はクリチバとは比較にならないほど、はるかに数多くの課題に直面することになる。パラナ州は平均年収、人口あたり総地域生産といった経済指標は、ほぼクリチバの半分くらいである。より多くの課題を抱えていて、しかも予算は少ない。河川保全の問題、森林保護の問題、ごみの問題。しかし、そのような障壁にびくともせず、中村はここでも多くの難問を解決していくのである。

中村は一九九二年のクリチバをはじめとして、八の自治体の名誉市民となっている。モヘテス市（一九九七年）、シアノーチ市（一九九七年）、サンタ・テレジーニャ・デ・イタイプ市（一九九七年）、アントニーナ市（一九九八年）、プリメイロ・デ・メイヨ市（一九九八年）、パト・ブランコ市（一九九七年）、イポラ市（二〇〇〇年）などだ。クリチバを除けば、この名誉市民となる功績はパラナ環境局長時代に成し遂げられたものである。中村が環境局長として手がけた事業とは、漁師を対象としたごみ買いプログラム、パラナグア湾における牡蠣の養殖、マルンビ山の観光ルートの計画、メル島のエコ・リゾート整備、衰退地域の観光産業の開発、環境保全税の還元、インディオ居住地区におけるパラナ松の保全……と枚挙に遑がない。とても環境局の仕事とは思えないものも含めて、中村はレルネル州知事のもと、驚くほどの事業を成し遂げる。なるほど、レルネル州知事が就任と同時に環境局の法律的位置づけをまず変えたわけだ。以下、この中村のパラナ州環境局長時代の仕事を紹介する。

(1) 漁師を対象としたごみ買いプログラム

パラナ州の海岸は長らく州政府からの援助もなく、貧困状態に晒されていた。海岸沿いの集落では非常に貧しい漁民たちが生活していた。一方で、パラナ州の海岸山脈は生態系が多様で、サンパウロ州やリオデジャイネイロ州の海岸山脈においてはすでに破壊された豊かな自然がいまだに存在し、それらの自然を保全するために厳しい規制が敷かれていた。したがって、漁民たちは周辺に自生しているパルミートやバナナといった植物、鳥や動物といったものを採ることが禁止されていた。その結果、漁民たちは自然が保存されているために、自分たちが貧しいのだと考えるようになった。そのうえ、保存指定されている動植物を販売すると高く売れるので、密漁が盛んになっていた。

このような状況を改善させるためには、これらの漁民たちとコミュニケーションをはかれるような関係を築くことがまず大切であると中村は考えた。パラナ州は大西洋岸がリアス式海岸になっており、多くの入り江が複雑に内陸に入り込んでいる。ちんたらと船に乗っていたら、とてもではないが時間が足りない。そこで中村は、とりあえず環境局で一一人乗りのモーターボートを購入した。そして、このモーターボートで海岸沿いの集落を次々と訪れて、住民と話し始めたのである。

まず始めたのが十八番の「ごみ買いプログラム」である。パラナグア湾は非常に豊かな漁場であったが、そこでの漁法は無計画に採れるものを採るというものであったため、水揚げも減り、生態系も壊されつつあった。そのような状態を改善し、漁法も将来の予測が立てやすい養殖へ移行させることも踏まえて、一週間に一日だけ漁業をしない日を設け、その日は漁師をやめて、魚の代わりにごみを釣ることをお願いした。そのごみは野菜などの食料と交換できるようにした。海で「釣れる」ごみのほとんどは再生可能ごみであったので、クリチバ市での「ごみ買いプログラム」を応用したのである。レルネルは、漁師のプライドを傷つけないように次のように彼らに説明した。「君たちは漁師のプロだから魚を釣るな、とは言えない。しかし、代わりにごみを釣ってください」。

この事業はバイア・リンパと呼ばれた。バイア・リンパのバイアは湾、リンパは綺麗であり、バイア・リンパで「綺麗な湾」という意味である。漁師は貧しいものが多いので、ごみが野菜と交換というのは経済的にもありがたかったし、さらには、自分の職場を綺麗にすることは彼らにとっても意義のあることであった。

また、漁民たちは自然保護があるからバナナに農薬がかけられない、自然保護があるから魚が捕れない、自然保護があるからなにもかも駄目だ、と考えるようになっていた。そのような考えを大きく転換するために、自然保護があるから儲かる、と考えさせるように工夫をした。「これをやると儲かりまっせ」。関西人の中村らしい問いかけであった。環境問題の大切さを、その日の食糧にも困る漁民たちに説いても理解できるはずがない。環境を護ると儲かる、この発想をもたせることがなにより重要である、と中村は主張する。自然保護があるから養殖ができる、自然保護があるから観光客が来る、というように自然保護のメリットを説いたのである。

中村が手がけ始めた一九九五年には、魚も釣れず、不法漁業をしたり、水が汚れてきたり、ごみがあふれたりで、大変な状況であった。しかし、バイア・リンパ事業によって、住民たちは環境に関心をもち始め、いままで平気で環境を汚していた人たちがそのような行為をやめるようになった。しまいには、観光客がごみを捨てると文句を言うほど、環境への意識が高まっていった。

このようにパラナグア湾版の「ごみ買いプログラム」は大きな成果をもたらした。レルネルはアメリカのワシントン大学で講義をする機会があったとき、「リオは日本から四〇〇億円借りて湾を綺麗にしようとしたが、無駄だった。パラナ州は漁師たちに一銭も払わないでパラナグア湾を綺麗にした」と述べたら、拍手喝采されたそうである。

(2) パラナグア湾の牡蠣の養殖

ごみ買いプログラムで漁民たちの心をつかんだ中村は、彼らと信頼関係を結び、いろいろと話ができるようになり、彼らの経済的な問題を理解した。彼らはなにしろ経済的に困窮していた。パラナグア湾は非常に水産物に恵まれた豊かな海であったが、それらの資源が市場としっかりと結びついていない。当時は、日本の農林水産省に該当する農務局（農業と水産業の監督省庁であり、林業は監督していない）が、彼らを指導していた。環境局はいっさいタッチしていなかった。しかし、農務局も漁民を助けたいとは思ってはいても、なにをどうしていいかわからない。漁民たちは、護岸工事をして欲しいと農務局に嘆願していたのだが、それは予算の関係等で対応できなかった。そこで、中村に助けを求めてきた。それを受けて、中村はまずセメントと砂利を船で運ばせて、あっという間に護岸工事を遂行してしまう。農務局に依頼しても何年も対応できなかったのに、中村にお願いしたら一週間でできてしまった。すると、農務局の職員までもが、この地域の産業開発を中村のいる環境局に依頼するようになった。

中村は水産物を商品化することを考えた。数ある水産物のなかでも中村が注目したのが牡蠣であった。パラナグア湾の牡蠣は海水がそれほど塩を含んでいないこともあり、日本の牡蠣より美味だ。こんなに美味しい牡蠣なら、しっかりと養殖できれば漁民たちにとっても現金収入の有力な手段になるのではないか。いろいろと調べると、自生の牡蠣で養殖できることが判明した。漁師は貧乏すぎて、船を買うお金もないような状況であったので、牡蠣の養殖をして、すぐに市場に持って行ける方法を考えたほうが、船に投資するよりかははるかに効果があると判断した。漁師は養殖という言葉は知っていたが、棚をつくる知識とお金はなかった。漁師が企業家になる必要はない。投資をする必要もない。持続可能な農業のありかたとして、牡蠣の養殖を州として導入しようとしたのである。

中村は兵庫県の水産試験場、環境創造協会、ＪＩＣＡの力も借りた。兵庫県では瀬戸内海の赤潮で大変な被害を被った経験がある。兵庫県の技術を用いて、パラナグア周辺の水質汚染を防止するシステムをつくり、牡蠣の養殖を普及させるようにした。

ブラジル人はまだ牡蠣をあまり常食しない。食べるのは日系ブラジル人をはじめ、ポルトガル系ブラジル人、イタリア系ブラジル人などである。ドイツ系ブラジル人、ポーランド系ブラジル人はほとんど食べない。美味しいから、と勧めると、鼻をつまんで食べて、しかも不味い、と言い放ったりする始末だ。しかし、徐々に食べる人々は増えつつある。市場が拡大すれば、牡蠣の養殖事業もうまく軌道に乗っていくであろう。この一〇年間ぐらいでも、パラナグアの魚市場で牡蠣を見かける機会が多くなった。中村が指導した牡蠣の養殖もうまくいっているようである。魚料理のレストランもパラナグアなどでは増えている。結構、人気もあるようだ。

中村の牡蠣養殖事業を紹介した雑誌の記事を見て、談笑する中村と知り合いの漁師

土曜日や日曜日にでも、パラナグア湾まで行って養殖した牡蠣を食べに行こうか、という観光スタイルが確立できればいいと中村は考えた。人々がパラナグア湾を訪れるようになると、エコ・ツアーも始めた。ここでしかできない漁業、そして観光のありかたを中村は開発したのである。

中村のこれらの取り組みは大きな成果を生み出し、現在、漁民たちは以前と比べるとはるかに豊かになっている。この変化はテレビなどでも数回、紹介された。まだ、生産地としては安定的に牡蠣の供給がはかれないなどの課題を有しているが、それまで牡蠣の養殖技術をもっていなかった漁民に養殖技術を修得させ、さらに牡蠣レストランをつくることなどで、牡蠣の需要を拡張させることに成功した。現在、パラナグア湾で牡蠣の養殖を行なっている場所は十二箇所（二〇一二年二月時点）。中村が環境局長のときに植えた種は確実に、このパラナグア湾で芽を出しているのである。中村の長男、健太郎は、そのうちの一つのグアラトゥーバ市の市役所の水産試験場で牡蠣の養殖を研究し、中村の構想を具体化することに貢献している。筆者も、学生たちと一緒に健太郎が働く水産試験場に隣接してあるレストランにてマングローブで養殖された牡蠣を試食したが、本当に美味しい。多くの学生が生牡蠣を初めて食べたが、あまりにも美味しくて驚いていた。日本に帰って、日本の生牡蠣がそれほど美味しくないことを知ったらショックを受けるだろうと内心同情しつつも、自分も舌鼓を打って、牡蠣を平らげた。

（3）マルンビ山の観光ルートの計画

クリチバからパラナグアのあいだに聳え立つ大西洋海岸山脈。そのなかでも威容を誇るのがマルンビ山である。いまでこそ、多くのハイカーで賑わうマルンビ山であるが、中村が環境局長になったときには登山ルートはあったが、オリエンテーションもなく、観光客もほとんど行かないような状況であった。そのようななか、レルネル州知事がドイツの開発銀行から登山ルートを整備するために資金を融資してもらえる制度があることを知る。ドイツの開発銀行は、レルネル知事の前に知事をしていたヘキオンに、パラナ州にそのようなニーズがないか、と問い合わせをしたことがあったのだが、ヘキオンはまったく関心がない、ということで断った経緯があった。その話を知っていた職員がレルネル知事に情報を伝えたのであろう。レルネル知事はその話を知ると、すばやく動き、融資を得ることに成功する。そしてマルンビ山への登山ルートの整備事業を中村に命じるのである。

マルンビ山

登山ルートを整備するうえでは、海岸山脈全体を保護することを目的として掲げた。登山ルートは四つあったが、非常にわかりづらいものであったので改修した。ハイキングのレベルによって、ルートを色分けした。また、マルンビ山の鉄道駅が放置されていたのを環境教育の場としてリノベーションした。キャンプ場も整備した。連邦国鉄の職員の宿舎があったのだが、それを研究者のための宿泊施設に改装した。それまでは研究者の宿泊場所がなくて困っていたのである。そして二〇台くらいの車を森林警察用に購入した。海岸山脈の環境保護のための施設、建物（詰所）なども整備した。さらに、昔の石畳でつくられた街道を修繕した。現在、この街道は大西洋海岸山脈観光のハイライトとなっている。それまでは、人々にあまり知られていなかった大西洋海岸山脈の観光資源は、中村の観光開発によって大きく知られることになったのである。

マルンビ山を登るときには必ずごみの袋を持たせるようにし、登山者の登録制も設けた。そういうちょっとしたことで、登山をした人がごみを捨てなくなった。アルゼンチンの新聞は、マルンビ山は南米で一番綺麗な山であると絶賛した。

(4) メル島のエコ・リゾート整備

パラナグアから南に船で二〇キロほどいったところにあるイリャ・ド・メル(メル島)。パラナグア湾口に位置し、スペラギ国立公園の南にある島で、日本語に訳すと「蜜の島」。パラナ州で最も美しい海水浴場として知られる。この風光明媚な二七㎢ほどの島は、いまではこの地域を代表するエコ・リゾートとなっている。一日あたりの入島者数を五〇〇〇人に限定し、建物も建設材料にコンクリートを使わせないなど徹底して、この島のアイデンティティを保全する取り組みがなされている。

しかし、この島は一九九七年までは桟橋もなく、唯一の公共交通手段もポンタル・ド・スルという本土の海岸沿いの町から出る無免許のボートしかなく、運賃も船に乗ってから請求され、船から島に行くには、海岸のそばで船から飛び降りるといった方法しかないようなところであった。そのような状況であったから、島を訪れるものも、まともに自然を楽しもうというよりかは、乱痴気騒ぎをしたがる若者が中心となり、麻薬パーティなども行なわれ、健康的なリゾート地からほど遠い状況にあり、普通の市民はよりつきもしないような島だったそうだ。

そのような状況を改善するために、中村が立ち上がった。中村はパラナの海岸をエコ・ツアーで開発しようと考えていた。そのなかでもイリャ・ド・メルはきわめて優れた条件を有している。ヘキオン州知事（一期目）のときにはイリャ・ド・メルはずいぶんと放ったらかしにされていた。島自体は連邦政府の所有であるが、その管理は一九八一年からパラナ州の所管事業となっていた。しかし、なにもしない。結果として、間違った楽園、無法地帯になってしまっていたのである。中村はこの使われ方を変えなくてはいけないと考えた。

本当にどうにかしようとするなら、島自体が変な人たちを拒絶しなくてはならない。代わりにファミリー層を入れないといけない。夜一〇時になれば店を閉める。反対があったが強引に決めた。営業時間を短くすることで、文句を言いにくる者もいたが、「小さいことを言うな」と諫めた。彼らに対して、プラスのことをしていると思っていたので、全然、躊躇はなかった。

加えて、イリャ・ド・メルの農家や漁師が自然を破壊する要因だったので、その人たちの意識を変えることも考えた。

これを保護しないといけません、という法律をつくって保護できた試しはない。漁師にこれを伐ってはいけません、と言わせることのほうが経済的にもはるかに有効なのです。

中村はまず、桟橋を整備することが必要であると考えた。そして、無免許のボートをしっかりと桟橋で発着させ、公共交通手段として人々に信頼されるものにしなくてはならないと考えたのである。そこで中村は船着き場を一箇所に集約させることを提案する。しかし、これは大きな反対にあう。なぜなら、そのことによって、それまで船で観光客を島へと運んでいた業者等は既得権を侵害されると感じたからである。「あの変な日本人を殺してやる」とおおっぴらに言う者も現われ、脅迫電話を何回も受けた。周囲も中村に、いまあそこに行っては危ない、と注意するような状況であった。しかし、中村はそのような脅迫に怯まずに事業を遂行してしまう。その話は、レルネル市長が初めてクリチバに就任したときに多くの反対を押し切って一一月一五日通り（花通り）を歩行者専用道路にした経緯を彷彿とさせる。この事業も、花通りのように、実際完成してしまえば、観光客も増え、彼らも儲かることになった。

さらに、中村は一日あたりの島に渡れる人数を五〇〇〇人までとした。この数字の根拠は、島に出る湧き水が五〇〇〇人分しかなかったからである。建物の規制もかけた。建設材料としてコンクリートの使用はいっさい禁じた。ただし、違法建築がその後、出てきたりはしている。二〇〇八年二月に筆者が訪れたとき、なんと州政府の建物がコンクリートを用いて工事をしていた。当時の州知事？もちろんヘキオンである。

このプロジェクトで興味深いことは、栈橋の整備を環境局の事業として中村が遂行してしまったことである。これは本来的には交通運輸局の事業である。しかし、中村は交通運輸局に相談せずに、環境局の事業としてやってしまう。中村にどうして相談しなかったのかと質問すると、「いや、そんな相談をしたらやれることもできなくなってしまう。とりあえずやってしまって問題を解決しなければ、問題は永遠に解決しない」。

中村が最も嫌うことは、計画をつくってもそれを実行しないということである。非常にプラクティ

海岸美がすばらしいイリャ・ド・メル

現在では休日ともなると観光客が多く訪れるモヘテスの歴史的市街地

中村が支援して具体化させたエコ・リゾート、サンクチュアリオ・ニュンジャカーラにて。左がオーナーのコヘーア氏、右が中村

カルなのだ。実際、今回の事業でも大きな成功を収める。現在、イリャ・ド・メルはパラナグア地域最大の観光目的地となっており、アルゼンチンやドイツなど諸外国からも多くの観光客を集めるほどになっている。

ただし、この事業を実施したことに対しては、交通運輸局は決して心穏やかではなかった。確かに中村はレルネル州知事の懐刀で特攻隊長である。多くの問題を解決する能力と飛びきりの実行力を有している。しかし、自分たちの領域を侵犯されたという意識はどうしても残る。二〇〇八年現在でも、ポント・ド・スルの桟橋と公共バス・ターミナルは一キロほど離れている。中村が、桟橋のところにターミナルを整備して欲しい、とお願いしても、交通運輸局が決して首を縦に振ることはしなかったためである。そのため、せっかくすばらしいリゾート地がつくられ、ボートでのアクセスは改善されたのだが、バスによるアクセスは改善されていない。レルネルや中村のいままでのクリチバ市役所での成果を知っている者としては、行政の縦割り意識や、それによる弊害も解消されたその手腕にただただ感心していたのだが、パラナ州では役所の縦割りの弊害による嫌がらせを中村も受けていたことがこのバス・ターミナルの件で判明した。住民たちとはつねに和の心で接していた中村ではあるが、官僚組織に対してはそうそう和で対応することはむずかしかった。しかし、その結果、誰が損をしているかというと、ここを訪問しようとする人たちであり、そして、イリャ・ド・メルがもたらす観光産業によって生活をしようとする人たちであるのだ。

イリャ・ド・メルはまた自動車が走行できる道路がいっさいない。二七キロ㎢という島の面積は、沖縄県八重山諸島の竹富島のほぼ五倍である。竹富島のような歴史建築地区としての価値も高く、自然資源にも恵まれている島でさえ、道路を縦横に整備してしまう我が国と比較すると、中村の志の高さがよく理解できる。

(5) 衰退地域の観光産業の開発

環境局長になった中村は大西洋海岸山脈に惹きつけられた。マルンビ山の登頂ルートを整備する事業をきっかけに、この地域を頻繁に訪れることになり、アマゾンよりも豊かな生態系、ブラジルで最も美しい自然景観と賞される急峻な山々と大西洋の海岸とのコントラストのある景観などに魅了されたのである。

しかし、地元の人たちは経済的に疲弊した状況にあった。たとえば、パラナグアとクリチバの中間地点にある人口一万五〇〇〇人ほどの山間の町モヘテス。モヘテスは昔、金が周辺で見つかったのでゴールドラッシュが起きて栄えた。しかし、金が掘り尽くされると衰退していった。いまでこそ、ここはクリチバからの観光列車が停まり、大西洋海岸山脈の観光拠点として多くの観光客で賑わう、歴史的街並みも美しい一大観光都市であるが、中村が環境局長になった当時は、産業もなく、自治体としては破綻寸前のような状態であった。

中村はここでまず、マルンビからモヘテスまで行く街道沿いのトイレや売店、バーベキュー施設などを綺麗にした。とりあえず、町を綺麗にしましょう、ということから始めたのである。つづけて、旧街道のバーベキュー施設やトイレなどを改装した。

パルミートの保護計画を日本政府とともに取り組み、パルミートの苗をつくる農場も整備した。これは、モヘテス以外にもアントニーナ、グアラトゥーバ、グアラケサーバでも実施したものだが、「家族の倉庫」と名づけられた。ここで苗木を育て、各家庭が苗を持ち帰り植樹することでパルミートを増やそうとしたのである。パルミートはそのまま食材にもなるし、他の食料と交換することもできるので、零細家庭にとっては貴重な収入源ともなる。さらに、広場を整備したり、ごみ処理場もつくったりした。エコ・ツアーを実現させるための法制度の整備なども行なった。具体的には、保護地区でもエコ・ツアーができる施設の建設などを許可できるようにした。

これらの仕事は本来的には自治体が実施する仕事であったが、モヘテスの自治体は破綻したような状況だったので、州政府が積極的に関与するようになったのである。中村はこれらの活躍が評価されて、同市の名誉市民として表彰されることになる。

同じようなケースがアントニーナである。アントニーナは人口二万人くらいの漁村である。ここでも養殖場を設け、船がつけられる桟橋を整備し、魚市場兼お土産市場も設置した。その結果、衰退していた街は活性化し、いまでは歴史的な街並みが評価され、世界遺産への申請を考えるほどになっている。中村はここでも名誉市民を授与されている。

モヘテスでの行政の取り組みが成果を出し始めるようになってから、民間の投資もぽつぽつと見られるようになってきた。そのような民間事業をも、中村は積極的に支援した。そのような事例の一つとして、モヘテスから数キロメートルほど山に入ったところに立地するサンクチュアリオ・ニュンジャカーラというリゾート・ホテルがある。この施設は、マルンビ山の雄大な山容が見渡せる大西洋海岸山脈のジャングルの懐に佇むように建っている。開発したのはルイス・クラウジオ・コヘーアという弁護士で、環境と観光の両立を図るエコ・ツーリズムの拠点としてつくりあげられた。観光客が訪問しても環境に影響を与えず過ごせるようなリゾートをつくることを目指した。

ホテルをつくるうえで、非常に重要な役割を果たしたのが中村である。コヘーアがこの事業の開発申請を行なったとき、州の職員はほとんど皆が反対した。しかし、当時パラナ州の環境局長であった中村だけが賛成した。コヘーアは筆者の取材に次のように言った。

「この事業を実現させるまでは本当に苦労が多かった。中村さんだけが信じて、支援をしてくれた。この地域のポテンシャルを理解し、将来を見据える力を有していた。中村さんはレルネル州知事をここに連れてきて、レルネル州知事もこれでいこうということで決定した。そういうこともあったので、レルネルさんと中村さんが州の仕事を辞められたあとは本当に苦労した。中村さんの考えが正しかったことはようやく理解され始めた。始めたときは反対が八割だったのだが、いまではこの事業に賛成する人が八割もいる。企画書を作成して、州の環境局に提示したりした。そして二〇〇五年一月に営業を開始したのである」。

現在、サンクチュアリオ・ニュンジャカーラのリゾート・ホテルには十四室あり、また併設してこの地元料理を提供するレストランがあるので、一日あたりの利用者は一五〇人から二〇〇人と人気を博している。海外からの観光客も多く、エコ・ツーリズムの地球規模のマーケットに受け入れられている。

大西洋海岸山脈以外にも、中村は多くの地域において地域産業を観光主体とする産業構造の転換を促すことに成功している。プリメイロ・デ・マイヨというロンドリーナの北部にある、風光明媚な人口一万人ほどの町を、観光局と一緒にエコロジーを意識した観光拠点として整備した。この町は、パラナバネラ川を堰き止めてつくられたカピヴァラ湖畔にあるのだが、不法漁業が行なわれていた。これをさせないために公園を整備し、環境に配慮して河川周辺をも整備したのである。この事業は、ずいぶんと嫌がらせが中村に対してあったのだが、首長が中村を支持していたので事業を敢行することができた。この町でも中村は名誉市民となっている。

(6) パラナグア再生事業

パラナ州で最大の港を擁する港町パラナグア。このパラナグアは、パラナ州でも最も歴史のある町であったのだが、中村が州の環境局長に就任したときは、多くの問題を抱えていた。特にファベラの衛生状態の劣悪さは大きな課題であった。とはいえ、パラナグア市のことはパラナグア市役所の管轄である。そうそう州政府が手出しはできない。

しかし、このファベラでコレラが発生する。幸い、死亡者は少なかったが、これをきっかけとしてパラナ州政府の面々はパラナグアの再生に取りかかる。市役所も緊急事態であり、州政府の手助けが必要であった。こういうときに先陣を切るのは中村である。

中村はまず、ごみ問題に取り組むようにした。これは、コレラが発生した背景にはごみ問題があったからである。ごみを捨てさせないために、ごみ買い運動を始めた。同時に、マングローブを保護する運動を始めた。これは、マングローブがごみ捨て場になっていたからである。さらに、漁師の生活支援を行なった。

また、パラナグア市長の要請があったこともあり、魚市場の周辺に石畳の大きな広場をつくり、人々が集い、お祭りができるような空間を整備した。中村は環境局だから、ごみなどには取り組むが広場の整備などしないよ、と言ったのだが、どうしてもと懇願されたので、中村は折れて整備をした。ただし、その広場ではごみを散乱させないように、一箇所にごみを捨てさせることを徹底させた。

これを契機にして人々の意識が変わり、それまではコレラが発生してもおかしくないほど汚いイメージのあった都市が、ずいぶんと変容して綺麗になった。筆者も、一九九七年に初めて訪れたときのパラナグアのイメージと最近、訪れたそれとのギャップに驚いたことがある。ずいぶんと小綺麗な街へと変容していたからだ。

パラグアナのウォーターフロントはすっかり綺麗になり、多くの観光客が訪れるようになった

(7) パルミートの保全

中村はパルミートというキャベツ椰子に対して思い入れが強い。パラナ州の海岸地帯で、海水の汚染の問題、下水の問題、大西洋海岸山脈の自然保護などを考えたとき、パルミートは生態的にもシンボル的存在であるからだ。しかし、パルミートは食材として高価で買取りされることもあり、過剰に伐採されてしまう。その結果、パルミートがなくなると、その地域において動物が棲息することがむずかしくなり、生態系が破壊される。

そのため、中村はパルミートを保全することを考えた。しかし、パルミートは違法であっても伐採する者があとを絶たなかった。当時、二レアルでパルミートが一本、闇市場で売れたのである。そこで中村は、パルミートの種を持ってくれれば、お米やトイレット・ペーパー、赤ん坊のおむつなどが入った六〇レアル相当の生活パックと交換できるようにした。「そういう方法でないと相手は聞いてくれない。自然保護などと言っても馬の耳に念仏だ。売ったら損だ、という感覚を養うことが必要であった」と中村は述懐する。しかも闇市場で売るのは法律違反なので捕まる可能性もあるため、この中村のアイデアは広く受け入れられる。

さらに中村は、農民がパルミートの種を市の育苗所に持って行き、苗木で育て、七年間経つと、その農民がそのパルミートを七年間育てたということにして、パルミートを育てた証明書を発行することにした。そして、この証明書をもっていれば、そのパルミートの伐採を許可した。パルミートは最初の七年間は種ができないので、それ以前に伐ってしまうと再生しないのだが、七年経てばそれ以降は毎年、種ができるので再生可能となるからだ。いわば、パルミートの定期預金のようなシステムをつくりだしたのである。このアイデアはレルネルも感心して、「イトシ、お前、パルミート銀行をつくったらいいよ」と言ったそうだ。中村は、実際、この制度を「緑の貯金」と呼んでいた。

中村は、パルミートへの思い入れの強さからか、一九九六年にパラナグア周辺にパルミート公園をも整備してしまった。このパルミート公園は、パラナ銀行が有していた植林用の土地であったのだが、事業がうまくいかなくなったので、パラナ州の観光局が引き取った場所につくられた。その目的は、環境教育。パルミートの保護林やパルミート博物館から構成された。その竣工式には、当時の連邦政府の環境大臣までもが訪れた。その後、それはパラナ州からパラナグア市に移管され、最終的には農協に譲渡された。中村はパルミートについての職業教育の場にして欲しいと伝えたのであったが、現在は中村が構想したものとは違って、あまり使われていない公園になってしまっている。パラナグア市長が、残念なことにあまり興味をもっていないようなのである。

(8) 河川保全のための公園整備

一九九三年と九四年にＪＩＣＡの技術援助でイグアス川の環境調査が行なわれた。その調査結果で、イグアス川にダムをつくるということが提案された。中村はそれを見て思わず、「アホか、あんな綺麗な川にダムをつくることがあるか」と憤慨する。それ以降、川についていろいろと取り組むことになる。水質の問題、農薬の問題、下水処理の問題。三一四億円の円借款のプロジェクトを実施することができ、日本の援助を使い、パラナ州の河川周りの問題に次々と取り組んでいった。

まず、クリチバと同様に、河川保全のために中村は州の各地で公園を整備した。パラナ州を流れる大河であるイグアス川、ピキリ川、チバジ川、イヴァイイ川、パラナパネマ川などの河川敷を保護するために公園をつくっていった。自然の状態が残っていれば、その自然を保護するようにし、人々が河川のそばで生活しないように指導した。もし河川のそばで生活するようになると、環境負荷が高くなり、環境保全をするための州の出資が多くなってしまうからである。経済的にも河川を保護するのが最も効率的であるということの周知をはかり、クリチバ市でそれまで実施していたことをパラナ州の規模で展開したのである。

特にチバジ川のヴィラ・ヴェリャ地区は、すばらしく美しい渓谷を有していたので、その自然と親しめるような公園として、川下りをできるようにし、キャンプ場などを整備した。いまでは、ここは多くの人を集めるようになり、自然を楽しめる観光地として人気を博している。

(9) 農地でのごみ対策

クリチバ市のごみ対策で、「ごみ買い運動」や「緑との交換プログラム」、「ごみとそうでないごみ」などの事業を通じて大きな成果をもたらした中村は、パラナグア湾の漁師を対象にこれと類似したプログラムである「バイア・リンパ」を実施したことはすでに述べたが、パラナ州の農地においても類似のプログラムを一九九六年ごろから実践した。それは、農薬に関するごみを再生ごみとそうでないごみとに分類するプログラムである。農薬関連のごみは危険である。加えて、それまで農薬の管理があまりにも杜撰であった。パラナ州の場合は、農薬が河川に流れ込むことが特に問題であった。河川のそばで作物をつくることは法律違反であったが、全然、守られなかった。また、農薬の梱包物であった袋などが、平気で川に捨てられていたのである。河川の質の悪化を改善するためにも、農薬ごみをしっかりと管理することが必要であったのだ。

その対策として、農薬を梱包していたものは、買ったところに返却するか、あるいは地域の農薬ごみ処理場にもって行かなくてはいけないようにした。農薬関連の再生ごみは、農薬の梱包物である。それらを三回洗って、前記の場所にもって行き、そこでチェックを受けたあとに、ごみをもってきた証書を受け取るようにした。その翌年、農薬を買うときに、その証書がなくては買えないようにしたのである。一方で、使用済みの農薬は集めて、それを処理することにした。最初のプロジェクトは住友商事が手がけてくれた。州を二〇ぐらいのブロックにわけて、ごみを収集する建物をつくり、機械を支給し、技術者を農村に赴かせて、ごみの収集業者に対して徹底した教育とトレーニングを行なった。ごみ収集場所にも専門家を派遣した。この事業を実施する費用は日本の円借款を活用した。

農薬ごみを再生ごみとして扱うことの効果は大きかった。農民たちも、農薬の梱包物の違法投棄には危機意識を抱いていたこともあり、ほとんど反対はなかった。むしろ、このようなプログラムがつくられたことは、渡りに船であった。パラナ州では、河川の水質を毎年、数回検査しているのだが、河川の水質はこの事業を開始すると改善され、また、それまでたまに起きていた子供が誤って農薬を口に入れるという事故も激減した。これは、その後、ブラジルのモデル的な事業となって他州にも普及されていく。

(10) 貧しい農家の植林事業

クリチバから南にいったサンタ・カタリナ州との州境にリオ・ネグロという町がある。土地は貧しく、イグアス川もよく氾濫するような土地柄であったが、ドイツ系ブラジル人が多く住み、懸命に働いている。レルネルは、この土地になにか産業を興したほうがいいだろうと考え、ポルトガルの製紙工場をもってきた。

しかし、紙をつくるためには木が必要である。悪いことに、貧しい農家は、パラナ松を伐採するようになってしまった。中村は、そのような状況を改変するために、貧しい農家に安定した収入を確保するような事業を実施した。すなわち、周辺の農家にパルプ会社が植林の仕事を委託し、苗木代、肥料代、農業の技術代をパルプ会社が提供するようにしたのである。さらに、最初は農家には収入が入らないので、前払いをもするようにした。これで、この地域の農家も確実に生活できるようになった。リオ・ネグロは、その後、順調に成長している。

(11) 環境保全税の還元

ブラジルでは大都市の水源地を有している自治体は、開発面においてさまざまな規制がなされていた。自治体はこの厳しい土地利用規制に対して、強い不満を抱いていた。そこで、環境局長である中村は、それらの保護地区を開発しないことで、州の税務局から流通税の五％を予算としてもらい、これらの自治体に還元することとした。一九九六年のことである。

さらに、水源保護だけでなく、自然保護を目的とした公園を自治体が整備した場合にも、税金の還元を行なうこととした。環境保全事業にしか用いられないという足枷はつけられたが、自治体にとっては前記の不満を解消するには十分であった。年によっては、予算額は一億レアルにまで達し、クリチバの近郊都市であるピラクアラのように水源地区から上流部分を保護地区として指定した自治体は、一〇〇万レアルをも還元してもらった。

このような制度を中村が考えたのは、リオの環境サミットで、人々の環境意識が高まっているにもかかわらず、結局、お金がなくてなにもできないという状況を打破したかったからである。いくら自治体にアイデアがあってもお金がなければ始まらない、という状況を変えるために、自治体に予算を増やすこの制度をつくったのである。中村のこのアイデアは、その実現に非常に熱心な州の議員がいたこともあり、うまく具体化されることになる。ただし、中村はアイデアを出したが、細かい法体系は専門の弁護士がつくることになった。

この制度はたいへん好評で、他の州もパラナ州をまねて、類似した制度を導入することになった。環境コンサルタントをしている長女の麻友美は、この制度を導入したことが中村のパラナ州環境局長時代の最大の成果であると評価している。

これと似たような土地がらみの環境政策として、私有地に二〇〇〇㎡以上の自然が残っている場合、その地主が申告すれば、その土地における土地税を免税することにした。ただし、申告された土地は、市民から要請があれば、一般に開放しなくてはならない。この政策については、各地で講習会を開催するなどして周知をはかったこともあり、多くの申告があり、クリチバ市の開発権移転のときと同様に、パラナ州でも多くの公園が整備されることとなった。

(12) インディオ居留地区におけるパラナ松の保全

パラナ州は、南西部のサンタ・カタリナ州との境にマンゲリーニャと呼ばれる一四〇〇ヘクタールにも及ぶ広大なインディオ居留地区を有している。このインディオ居留地区には、パラナ松の森林があるのだが、周辺に住む白人が、インディオをそそのかして食べ物やラジオ、アルコールと交換して、居留地区のパラナ松を伐らせ、それを手に入れていた。ブラジルは憲法で、居留地区でのパラナ松の伐採は、インディオであっても禁止されている。しかし、そのような伐採が横行していても森林警察は見て見ぬふりをしていた。周辺の自治体でもこの問題が論議されていたりしたが、いつまで経ってもらちがあかない。

インディオ居留地区は連邦政府の所管であった。しかし、中村はパラナ州の環境局長という立場から、パラナ松が伐採されているのにはだまっていられなかった。すでにパラナ松の自然林は、パラナ州全体でも一%しか残っていないような状況にあったのである。また、一方でインディオはアルコールに弱く、これらパラオ松と交換してもらうアルコールによって中毒者が増えていたことで、インディオたちにとっても看過できない問題になっていた。

そこで、中村はこのインディオの酋長と話をしようとする。インディオ居留地区は連邦政府の土地であったので、連邦政府に入るための許可を得ようとする。しかし、それは大変危険な行為だった。既得権を有していた白人たちが、トップ会談を力づくでも阻止しようとするのが明らかであったからだ。そのため自動車で行くと襲われる危険が高いということで、ヘリコプターで行くことにした。酋長には連邦政府から連絡を入れてもらい、ヘリコプターで近くの小学校の校庭に降りるので、その小学校で会談を行なうようにした。心配する周囲に中村は「僕はインディオと似た顔をしているので大丈夫だ」と言ったそうである。

中村と酋長との会談は順調に進んだ。酋長は中村の顔を見て、とても気を許したそうだ。中村は「森林を伐ったらインディオは生活できなくなる。パラナ松を植えたら、逆に植林の駄賃として食べ物を与える」と酋長に話をする。酋長は喜んで中村の提案を受け入れた。

中村はまた、インディオをそそのかしていた白人対策として、絶対にパラナ松を売らせないようにもした。周辺の市町村の材木屋には、パラナ松を絶対買うな、ということを通知し、もし買うようなことがあれば、森林警察に逮捕してもらうことを伝えた。

さらに周辺の市町村を集めて、会議を開き、そのことを周知した。なかには、「それは難しい」と言う者もいたが、「あんたたちが買うから問題が解決しないんだ」と言い返して、それを徹底させるように念を押した。そして、インディオ居留地区に憲法違反で住んでいた白人たちは、森林警察を使って追い出した。森林警察には、元からこのことに関して不満をもっていた正義感の強い人がいたので、この追放は円滑に進んだ。

このような対応ののち、インディオのなかからも、自分たちの木は自分たちで守ると、みずからが森林警察になる優秀な人が出始めた。さらには、居留地区に入るゲートを三つ設け、これらに護衛をつけ、不法伐採が行なわれないよう監視をするようにした。その結果、このインディオ居留地区からパラナ松は一本も外に出なくなったのである。

平和の鐘公園

平和の鐘公園は中村がパラナ州の環境局長のときに手がけ始めた事業であるが、パラナ州のプロジェクトではない。それは、隣のサンタ・カタリナ州のクリチバーノス市のプロジェクトである。クリチバーノス市は、クリチバ市から南に約四〇〇キロほどいったところにある田舎町だ。このクリチバーノス市のラーモス移住地にりんごの富士や梨の二十世紀の栽培に成功した日系移民の小川和己がいる。小川は長崎の原爆被曝者であった。昭和二〇年八月九日、高校の授業に遅刻をしてしまい、遅刻ついでにお弁当を食べていたとき、山向こうの都心に原爆が落とされた。小川の通っていた高校は被爆地のすぐそばにあり、同級生はほとんどが原爆で殺された。

小川はその後、三年間アメリカで農業研修をし、そのときに日本民族であることを強烈に自覚し、ブラジルのサンタ・カタリナに入植する。小川は、りんごやニンニクの栽培の成功を通じて、サンタ・カタリナ州でも一目置かれる人物となった。小川たちはサンタ・カタリナ州をりんごの輸入州から輸出州へと転換させることに貢献したのだ。そしてりんごを通じて、サンタ・カタリナ州と青森県が姉妹都市協定を結ぶ。一九八〇年のことである。それ以後、日本とサンタ・カタリナ州との交流が活発化していくなか、長崎県の県人会の四〇周年記念として、小川の昔からの知人であった長崎県の国際親睦協会長が小川を訪れた。小川が住む集落には彼を含む七名が被曝手帳を持っていた。そのなかには開拓をしながらガンで亡くなったものもいる。そこで、長崎の「平和の鐘」をこの地に送ってくれないか、とお願いしたら本当に送ってくれた。長崎県知事や長崎市長も、ブラジルの人に原爆の悲惨さを理解してもらいたい、と願ったそうだ。ブラジルの人たちとともに平和のことを考えることは重要であると長崎の人たちも考えてくれた。

さて、しかし、この鐘をどのように展示すればいいのか。そこで小川が、パラナ州の環境局長であり、日系人として広くブラジルで知れ渡っていた中村のところに相談をしにきた。一九九五年のころである。それまで中村と小川は面識がなかった。

中村は、公園を整備して、鐘をそこで展示することを提案する。小川もその案に感銘を受ける。小川は、日系一世ではあるが環境局長という役所のトップの中村がはたしてどのような対応をするのかは予想がつかなかった。しかし、中村は平和の鐘の話を聞くと「それは大変すばらしい」と言い、

「さっそくやりましょう」と回答した。小川はそのときを、人生で最も嬉しい三つの瞬間のうちの一つであると回想する。小川は自宅のそばの丘が公園の適地であると判断する。

その後、建設費を出してもらうことを当時のサンタ・カタリナのアミン州知事に相談する。知事はその案に賛同し、また正式にお金を出したいということで州議会を通した。それで、この平和の鐘公園がつくられたのである。

平和の鐘公園の敷地は五ヘクタール。それを設計したのはもちろん中村である。彼をサポートしたのは建築家のマリア・ベネジッタ・ホンダ。彼女が、コンクリートの記念碑を設計した。その記念碑は、折り紙の鶴を彷彿とさせるデザインの塔となった。この平和の鐘公園には原爆資料館が併設された。これは、小川が被曝者であることから、ブラジル人にも原爆の悲惨さを知ってもらうためにと長崎市などから資料を送ってもらい建設したものだ。この建物のコンセプトを策定したのも中村である。中村らしい、ユーカリの木を用いたシンプルだが存在感あふれる建物である。展示物は、長崎の原爆による被害の状況を示した写真や、その被害のすさまじさを解説する文章などから構成される。

現在、この平和の鐘公園には多くの人が訪れる。土曜、日曜になると家族連れでたくさんの人が来る。週日には学習のために生徒たちが来る。筆者が訪れたときも、中学生の団体が校外学習で、バスで訪れていた。原爆被害という他国の出来事を、ここでは多く学習することができ、平和の大切さを理解することができるのだ。

また、私をはじめとした日本人もここに来ることで学ぶことは多いだろう。ブラジル人は、日本は核兵器の廃絶と言っているけど、原爆と原発は同じじゃないか、と言ってくる。科学立国日本、といってブラジルでも宣伝しているが、福島で原発事故を起こしたことのブランドの凋落は問題であると指摘される。日本の技術者はどうしたんだ、と小川は言われるそうだ。福島の原発事故によって、日本が国際的にも信用を失っていることが日本にいるとなかなかわからない。ただし、ブラジルの平和の鐘公園にいると、そのようなことがわかる。サンタ・カタリナにはドイツ系の移民が多い。彼らは何を言うかというと、ドイツは原発を止めた、日本はどうなんだと小川に言ってくる。その話を日本人として、小川から聞かされると肩身が狭い。小川は、原爆をこの世からなくすために、毎日三つ鐘を叩くそうだ。核兵器をつくらない、蓄えない、持ち込まない、と。

その小川は中村を「ブラジルで一番の日系人」と評する。その最も優れているところは「実行する力」であると言う。プロジェクトを描くことができるものは何人もいる。ただし、それを具体化させ

平和の鐘公園

クリチバーノ市に建つ原爆資料館

る力を中村ほどもっている人は珍しい。

原爆をこの世からなくしたいという被曝者・小川の願いは、中村の力を借りることで、サンタ・カタリナ州にて「平和の鐘公園」として具体化した。そこにある原爆資料室は生徒をはじめとして多くのブラジル人が訪れ、原爆の恐ろしさ、そして戦争の悲惨さを知る場所となっているのである。

収賄疑惑

中村が州の二回目の環境局長を務めていた二〇〇〇年、収賄疑惑が起きる。地元の新聞では一面記事にもなった。

中村は賄賂をいっさい取らない。賄賂にお金を出すくらいならその分、仕事を頑張ってくれ、というのが中村の考え方であった。多くの業者がこの考え方に心を打たれ、中村から依頼された仕事を頑張った。中村が公園部長の要職に就くようになってから、中村にはたびたび賄賂が送られてきたが、中村は絶対受け取らなかった。新聞紙に包まれたお金の束がよく郵便物で自宅に届けられたが、久美子は中村から絶対に送り先に戻すようにと強く言い渡されていた。

ブラジルにおいては、収賄はいわば潤滑油的な役割を果たしていた。しかし、中村の清廉潔癖な性格がそのような習慣を拒ませたのである。中村の運転手を長年勤めていたジャシール・シモーネスは、中村の人柄を「真面目な方。知っている人のなかで最も正直な人。嘘をついたりごまかしたりはしない」と評するが、これはほぼ中村の周辺の人たちと合致する意見である。だからこの収賄疑惑はまさに晴天の霹靂であった。

この事件の真相は、イタイプ・ダムがつくられることによって、それをバイパスする魚道を整備する事業を進めていたところ、地盤が軟弱すぎるので、それを強化させるために粘土を購入したことで予算オーバーしたのだが、それをしっかりと会計上、報告できていなかったことによって生じた疑惑であった。この報告ができていなかったことは事務担当者のミスであったが、そのチェックを怠ったということで最高責任者の中村にも責任はあった。しかし、マスコミはその責任を追及したのではなく、予算オーバーしたのは中村が懐に入れたのであろうと読者が誤解するような論調で記事を書いたのである。

この件では、中村は確かに最終責任者としてのチェックをせずにサインをしたというミスはあった。しかし、マスコミが論じたような収賄はいっさいしていない。それでも、この収賄疑惑が中村そして久美子や麻友美に与えたダメージは大きかった。というのは、中村には非がないのだが、一度、そのように新聞にスキャンダルとして取り上げられると、一部の人々の中村への視線が冷たいものへと変化してしまったからである。いままで持ち上げていたのに掌を返すような状態になってしまった。特に日系人がその点は酷かったと久美子は回想する。近所の人たちは中村家の財政状況がわかっているので、賄賂なんかもらっていないことは一目瞭然であった。賄賂をもらっていたら、もっと家を綺麗にしたり、車をいいものに買い換えたりするはずだからである。久美子は日本語学校の校長先生として社会と関わっている。面と向かって言われるのであればまだしも、陰でこそこそと悪く言われる。

さらに影響が大きかったのは麻友美である。ランドスケープ事務所を設立した長女の麻友美は仕事の受注面で大きなマイナスの影響を受けたが、そのようなことより、なぜこのようなでたらめの報道をされなくてはならないのか。しかも、それで父親はなぜ「気にするな、気にするな」と平然としていられるのかが理解できなかった。麻友美は正義感が強い。父親のスキャンダルを記事にした新聞等を裁判に訴えるために、自腹を切って弁護士を雇った。

しかし、いざ裁判を起こそうとすると父親だけでなく、レルネル州知事までが「まあまあ、収めなさい」と言ってきた。今回の事件は、どうもパラナ州政府が出していた新聞広告を止めたことによる腹いせ的な報復行為という側面もあったそうである。とはいえ、レルネルは麻友美の憤懣を抑えるためにか、新聞にコメントを寄稿する。「中村へのこのような根拠の乏しい収賄疑惑報道は、私への攻撃を意図したものであり、私のイメージを失墜させるために、私の側近中の側近である友人の罪をでっち上げたのである」という内容であった。

しかし、麻友美は振り上げた拳を完全には下げず、サンパウロの日系の新聞社を裁判に訴えた。「どのような根拠があって、父親の収賄疑惑の記事を書いたのか」との問いに、その新聞社はパラナ州の新聞に記事が掲載されていたからだと言う。「実際、裏を取ったのか」というと、全然取ってないとのこと。結局、裁判では麻友美は勝ち、その新聞社は謝罪記事を掲載することになり、また弁償金を中村に支払うこととなった。しかし、これを中村は拒む。「別にお金のために仕事をしているわけではない」と言うのだ。新聞社は、この中村の対応に感動し、その後、中村の業績や優れた人柄を紹介する一ページの記事を掲載する。敵をも味方にしてしまう、いわば中村マジックの一つの好例であろう。ただし、この対応にちょっと面白くなかったのが麻友美であった。裁判で勝ったにもかかわらず、結局、十二万レアルの弁護士代を支払ったのは麻友美であったからだ。

反対派との調整

クリチバ市では大人気者となった中村であるが、パラナ州ではなかなか人々の理解が得られないことも多かった。イリャ・ド・メルの船主のように、当初は反対していても、中村の言った通りの結果が得られたら、中村の支持者になる場合もあったが、それは結果論である。中村のクリチバでの名声は、首長や議員レベルには届いても、なかなかパラナ州全体には届いていなかった。さらに、中村のアイデアは突飛なものに聞こえるものが少なくない。その結果、反対運動も時折り生じた。

一度、土地なし農民ともめたこともある。土地なし農民は公有地を占拠して、この土地は自分たちのものだと主張する。なぜか、中村のセクションに「農地整備」の部署があり、環境局が土地なし農民の問題にも対応することになっていたのだ。「どの程度、土地が必要なのか」と中村が問うと、一家族当たり二・五ヘクタールだと言う。ブラジルに移民をした当初の目的が農業指導であった中村は思わず「二・五ヘクタールなんて、農業も知らないのに何を言っているんだ。土地をもっても無駄じゃないか」と言ってしまったら、相手を怒らせてしまった。環境局のなかにも、これら土地なし農民を支援して、どんどん公有地を占拠して、土地をもらえとつっつくものさえいる。しかし、実際、土地がもらえると他人に転売するようなこともするのだ。

環境局長に会わせろと武器を持った人々が待合室に陣取ったことさえある。そのとき、麻友美がたまたま父親を訪れて環境局に行ったのだが、環境局の人たちがとても危ないから父親の部屋には行かないほうがいいと言う。どうしようかと思案していたら、中村がとことこ出てきて、「おお、麻友美、来ていたのか。ほな、一緒に帰ろうか」と何事もなかったように言ってきた。環境局長に会わせろ、と要求していた人たちも環境局長の顔は知らない。日系人で、しかも、中村は現場重視の局長なのでネクタイもしていないので、とことこ陣取った人たちのなかを「すいません、通してください」と挨拶して出てきたそうなのである。なかなか図太い神経の持ち主である。

このような反対運動があっても、中村は自分の信念に従った。中村がとくに気にしたのは河川沿いの土地である。これらの土地は安いので、国もそういう土地を売りたがる。しかし、中村は河川沿いの土地は自然も豊かであり、また河川保全の立場からもかたくなにこれらの土地を売ることは拒んだ。この中村の態度には、農地改革委員会からもクレームが来るほどであったが、中村はいっさい揺るがなかったのである。

11　レルネル－中村の「黄金時代」の終焉

レルネルはパラナ州知事を一九九五年から二〇〇二年まで二期務めた。その間、パラナ州への投資額は二〇〇億アメリカドルに及んだ。レルネルへの期待、そして才覚への投資といっても過言ではないであろう。クリチバ市では、斬新なる都市政策、交通政策、環境政策などによって、その都市像を一変させたが、パラナ州では経済政策によって、同州のポテンシャルを顕在化させて、その後の発展の礎を構築したのである。

パラナ州には、世界一の発電所であるイタイプ・ダムがある。それにもかかわらず、イタイプ・ダムで発電されたエネルギーのほとんどはパラナ州を素通りしてサンパウロ州など外にいってしまう。そして、そこでそのエネルギーを使って商品がつくられ、その商品をパラナ州が買っている。もったいない話である。それじゃパラナ州で商品をつくればいいじゃないか。レルネルの考えは論理明快。彼がよく説明に使った話は次のようなものであった。

「パラナ州では綿が取れる。この綿はサンパウロやリオ・グランド・スルに運ばれる。そこで、パラナ州のエネルギーを使って、綿からジーパンがつくられる。そして、このジーパンはパラナ州に戻ってきて、パラナ州民に売られる。そのジーパンの値段に占める綿の割合はたったの五％である。パラナ州でジーパンをつくれば、パラナ州は豊かになれるんだ」。

この説得力にあふれる話は、他の州やアルゼンチンといった他国ではなく、パラナ州に出資したいと投資家に思わせた。レルネルはフォルクスワーゲン、ルノーといった大企業をパラナ州に誘致することに成功した。レルネルはパラナ州にとっての最高の営業マンであった。

そしてレルネルのもとで、中村は水を得た魚のように自由自在に、創造力あふれるアイデアを生みだしては、それを次々と実行していった。中村は、いままで紹介してきたエピソードからも推察されるように、ルールに縛られない。ルールを考える前に、課題を解決することを考える。結果、ルールに抵触することもある。しかし、パラナ州の環境局長時代は、レルネル州知事が局長会議で法務局の人間に、「中村がいろいろやった結果生じる法律的な失敗の後始末をしろ」と命じていた。このレルネルのバックアップによって、中村は、さらに自分の能力を十二分に発揮できるようになった。「とにかく、イトシには好き放題やらせろ」。結果的には、クリチバ市においてもパラナ州においても最高の果実をもたらしたのである。レルネルの度量の大きさ、そして人の才能を見抜く能力によって、中村は自由にその創造力を開放させ、その結果、クリチバ市そしてパラナ州の人々はすばらしい成果を得るのである。九〇年代はクリチバ市、そしてパラナ州の「黄金時代」と形容しても過言ではない幸せな時代を送ることになったのである。

ヘキオン州知事の時代

レルネルはパラナ州知事を退官すると、世界建築家協会の会長となる。レルネルのあとを継いで州知事となったのは、なんと中村の宿敵であるヘキオンであった。中村の人生は、レルネルという天使とヘキオンという悪魔が交互に顔を現わし、その運命のいたずらに翻弄され続けてきたといっていいであろう。レルネルとの至福の一四年間ののちに中村を待っていたものは、「悪魔」との戦いであった。

ただし、中村も一九八五年とはずいぶんと変わっていた。クリチバ市の環境局長も務め、パラナ州の環境局長を務めたこともあり、すでに広く市民にも知れ渡っていた。一方のヘキオンも、一九八五年に初めて市長になったときのような飛ぶ鳥を落とすかのような勢いはずいぶんと削がれていた。この州知事選挙も地方部でこそ得票はできたが、クリチバをはじめとした都市部ではさんざんであった。とはいえ、ヘキオンはさっそく中村への攻撃を開始する。

まず、パラナ川とイタイプ・ダムを結ぶ運河の工事に不正があったとの非難を始める。工事が終わっていないのに、工事代金が全額支払われたという不正があったと指摘したのである。実態は、工事をしているときに、土壌が非常に脆弱であることがわかり、そのまま工事をするとイタイプ・ダムが崩壊するような状況であったので、土壌改良に当初、想定したより工事費がかかるために起きた問題であっただけなのだが、ヘキオンはこれをことさら問題であると取り上げた。ちょうど、レルネルが海外出張中で二ヶ月ほどブラジルを空けていた時期を狙った卑劣な中村つぶしであった。これは新聞記事としても載った。しかし、結局、これはほとんど問題になることはなかった。会計監査が入ることさえなかったのである。とはいえ、これ以上、その役職にいても仕事がしにくいこともあり、中村はヘキオンが攻撃できないように、環境市民大学へと避難する。環境市民大学はNGOであるので、ヘキオンも手出しができにくいからだ。

環境市民大学では中村はクリチバの近郊を流れる河川を保護しながら、環境改善をはかる事業を実践する。また、これら河川保護プロジェクトの管理者として、ヘキオンの目をかいくぐり、パラナ州から環境市民大学がその責任を委譲するように取りはかり、中村がプロジェクト・コーディネーターとして事業をどんどん推進できるようにした。そして、イグアス川とパサウナ川の周辺の一部を絶対保護地区とし、環境が破壊されているところは回復事業を進めた。これらは、州の水道局とうまく連携をはかりながら進めたのである。

とはいえ、環境市民大学での数年間は中村にとっては順風満帆とはいえるような状況では決してなかった。環境市民大学で中村の下で二〇〇三年から二〇〇七年まで秘書として働いた梶原真理は、環境市民大学では、中村の思う通りに事が運ばないことが多かったと述懐する。中村は、環境局長での仕事を引き継いで、パラナ湾の漁村における環境教育を環境市民大学で引き継いでやろうとした。パラナ州の環境局は、前局長のこの意向に全面的に協力し、また中村とのつきあいが深い兵庫県も協力してくれたのだが、肝心の環境市民大学が、資料を格好のいいものにしようとすることにこだわるなどのトンチンカンなことをする。資料を格好よくしたいのには予算が不足するなど、どうしようもないことに拘泥しているうちに、そのプロジェクトが立ち消えになってしまった。

しかし、中村は環境市民大学ではあくまで顧問的な立場だったので、彼らに対して命令することは難しかった。私も、この環境市民大学の職員と何回か話をしたことがあるが、言葉では中村さんはすごい、尊敬している、と言っていたが、これは中村がこれまで成し遂げた成果に対してであって、中村の仕事のやりかた、アプローチのすごさをどれほど理解していたかは疑問に思えた。中村は環境市民大学の時代に苦労したというようなことを決して口にはしない。しかし、梶原の話を聞くと、中村の環境市民大学時代は、忸怩たる思いも多くしたのではないかと筆者は邪推してしまうのである。

パラナ湾の漁村における環境教育はＪＩＣＡの草の根事業として位置づけられ、兵庫県も積極的に中村を支援した。しかし、前述した運河工事の不正疑惑があったことで、ブラジル側の日系人が中村を外すことを兵庫県側に提案してきた。中村を窓口ではなく、自分を窓口にしろ、とまで主張する者まで出てきた。しかし、兵庫県側は中村の不正疑惑を鵜呑みに信じる者は皆無であったと、この草の根事業に関わった兵庫県職員である彌城《やしろ》は言う。

「中村さんと仕事をして知り合うと、皆、中村ファンになってしまう。あの無私無欲の人が不正などするわけがないことは、明々白々だった。パラナ湾をめぐるボート代を手配したお金をこちらが払おうとしても、中村さんは受け取らない。そのようなやましくないお金でさえ受け取らないのに、そんな不正なお金を取るわけがない」。さらに、ヘキオンが知事であるパラナ州は、兵庫県としてはしっかりと関係は継続するが、そのパラナ州が追い落としをしたからといって中村への態度を兵庫県が変えることはないと、当時の井戸知事は強調したそうだ。

「中村さんはそんなレベルの人ではないから、兵庫県として中村さんを評価すればいいじゃないか。中村さんはパラナ州の環境長官という肩書きで仕事をしている人ではない。パラナ州という小さな土俵ではなく、ブラジルという規模で活躍をする人だ」。井戸知事はよく状況を理解していたと彌城は当時を述懐する。

ただ、彌城は日系人が中村を叩こうとすることはわからないわけでもないと説明する。日系人がパラナ州でビジネスを続けていくためには、ヘキオンに従わないといけない事情があるからだ。

それにしても、もし中村のクリチバでの仕事の上司が、つねにヘキオンであったらと想像すると、ゾッとする。中村が類い稀な資質を有していることは疑いようもない。しかし、その資質が開花するには、レルネルとの出会いが必要であった。ヘキオンのような人としか出会えなければ、中村はブラジルで埋もれてしまっていたかもしれない。そう考えると、人との出会いということの重要さを痛感させられる。

中村は二〇〇二年、パラナ州の勲章を受ける。名誉叙勲であり、これは三~四年に一人しか選ばれない大変な名誉であった。

環境局を退職

中村はパラナ州環境局を二〇〇七年一〇月に退職した。クリチバ市の職員として始まった公務員としての三七年に及ぶ生活が終わったのである。クリチバ市の職員からパラナ州の職員になり、クリチバ市そしてパラナ州の管理職を務めていたが、そのほとんどが正規の職員ではなく契約社員という身分であった。しかし、中村が環境局長時代に、連邦政府にて公務員の契約社員の多さが問題となって、それを是正し、契約職員はできる限り、正規職員として採用する方針が採られることになった。中村はここで初めて、パラナ州の正規職員として再登録されることになる。この事務手続きのほとんどは部下がしてくれたので中村はあまり把握していないのだが、ブラジルでは日本の大学院を卒業しても、それは学歴として認められないのだけれども、どうもそこらへんをうまく調整して、大学院卒の経歴で登録してくれたようだ。これは、中村が州政府を定年退職したあとでわかったことである。

環境局を退職したあと、中村は長女の麻友美が主宰する環境コンサルタント事務所で悠々自適で働いている。中村は役所を引退したいまでも引く手あまたである。特にカシオ・タニグチが二〇〇七年に、当時のアフーダ州知事に請われて、ブラジリア市の都市住宅局長に就いてからは、彼がレルネル・チームを招聘したこともあり、ブラジリアでいくつかの公園事業を手がけた。

ブラジリアは、ルシオ・コスタによる計画都市として世界的によく知られている。彼の設計した飛行機の形状をした都市デザインは、世界じゅうの都市計画の教科書に掲載されている。しかし、ブラジリアは一九六〇年に供用されてから四十五年経ったころには、世間の認識とは異なり、世界でも最も計画されていない都市となっていた。というのも、ルシオ・コスタが設計したブラジリアは計画人口が五〇万人。ところが、ブラジリアの人口は二〇〇〇年にはすでに二〇〇万人を超えてしまっていた。ルシオ・コスタが計画した地区を除くと、ブラジリアにはほとんど都市計画というものが策定されてなく、しかも、農業用地として指定された土地を農家が勝手に住宅地として、違法であるにもかかわらず販売してしまい、貴重な湧き水が出る地区でさえも、住宅が乱立するような状況にあった。交通計画も皆無に近く、その混乱した状況を改善させることはブラジルの首都にとっては急務であった。そこで、レルネル市長のもと番頭として、クリチバ市を変貌させたタニグチの手腕には多大なる期待が寄せられたのであった。

公園に関しては中村が任せられた。レルネルはブラジリア州の役人たちの前で、「日本人にきちがいみたいな者がいて、三ヶ月で公園を綺麗につくってしまう。工事場でカーニバルをやってしまってでも（筆者注：パサウナ公園でのエピソード）プロジェクトをあっという間に仕上げてしまう」と言ったそうである。

中村は、市民が帰属意識をもつような公園をつくることを心がけた。たとえば、ルシオ・コスタが計画したブラジリア市の北部にあるパラノア湖畔の公園の設計においては、それまでアクセスができなかった湖の水に、市民が直接、触れられるようにした。そして湖畔沿いにウッドデッキの散歩道を整備し、ウォーターフロントを楽しめるようにし、また、ちょっとした運動もできるようにした。役所内では、中村のことを「造園のオスカー・ニーマイヤーだ」とまで言う者までいた。中村がささっとそこらへんの紙に鉛筆でスケッチをしたものを額に入れて区長室に展示する区長までも現われた。

ブラジリア州の環境局長のエドアルド・ブランドンは、この中村の公園づくりにとても感心した。「イトシから教わったことは、公園というものは市民が守っていくものだということ。市民が管理していかなくてはならないということを教えてもらった」と言う。

中村の設計する公園に共通する木材をうまく活かしたタグア公園のゲート

中村がブラジリアでつくりあげた公園プロジェクトはタグア公園を含めて五つ。タグア公園は、ブラジリア最大の衛星都市であるタグアティンガ市につくられた公園である。これは、二〇〇九年に第一期区間が開業し、二〇一〇年に第二期区間が開業したもので、すべて開業すると八九ヘクタールという広大な公園となる。七〇〇メートルのジープ用のコースや、一・三キロメートルのモトクロス・コースまでも整備されており、中村の遊び心が伺える。それ以外だと、ヌクリオ・バサンタンティ市につくられたヴィラ・カウイ、前述したブラジリア市の北ウィング地区のパラノア湖畔などにおいて公園を整備した。

さらに、自転車道路を河川敷につくるという事業を具体化させた。自転車道路は既にブラジリアには存在したが、河川敷に通したのは中村が初めてであった。なぜ、河川敷に自転車道路はなかったのか。これは、ブラジリアは、ブラジルで唯一、金持ちが土地の不法占拠をしている都市で、しかも彼らは湖畔のそばや河川沿いといった環境の優れたところを不法占拠したがる。これは、乾燥した土地のブラジリアでは、水が貴重なアメニティを演出してくれるからだ。そして、金持ちは自分は不法占拠をしているにも関わらず、他人を入れさせたがらない。そのため、それまでのブラジリア市役所は自転車道路を河川敷に通すことを遠慮していた。しかし、中村は強引に整備してしまったのである。

また、中村のアプローチにおおいに感銘を受けたブランデン環境局長は、中村からの助言をもとに、ブラジリアにおいてはブラジリア地域に自生するセラードの木を一本伐採したら、二年間のうちに三〇本の木を代わりに植えなくてはならないという条例をつくった。セラードに自生する木ではない場合は、その数は一〇本に減らされた。そしてここがポイントであるが、これらの木を代わりに植えなくても、その価値に応じた環境保全のための品物、道具、サービスを提供することでも代替できるようにしたのである。このプログラムは、「ブラジリア・パークシティ」と命名され、『ブラジルの州都における環境管理の成功事例』という国連の「リオ＋20」会議において配布された報告書に紹介された。クリチバにおいて中村が指揮する環境局が導入した「樹木の伐採禁止条例」とほぼ同じ内容である。クリチバでの条例を知っている者であれば、ただの物真似ではないかとも思われるが、ブラジリアの人々、そしてそれを成功事例と紹介した国連の人たちには斬新に思われたようである。

タニグチとレルネル・チームは、私が取材した複数のブラジリアの行政職員が「これまでブラジリアの行政組織で最も効率的に仕事を遂行できた」と異口同音にきわめて高く評価していた。しかし、タニグチを招聘したブラジリア連邦州知事であったアフーダが贈収賄で逮捕され、二〇一〇年に辞める。その結果、タニグチもブラジリアからクリチバに戻り、二〇一一年からパラナ州の企画局長になっている。それとともに、中村もブラジリア市のプロジェクトからは手を引いた。前述したブラジリアのブランデン環境局長は、中村に仕事を続けてもらいたいと強く願っており、二〇一二年八月に私が取材をしたときも、「イトシは一緒じゃないのか。イトシにはもっと公園をブラジリアにつくってもらいたい。イトシによろしく伝えてくれ」と中村のことを諦めきれないような口調で私に訴えかけてきた。

しかし、たいへん我慢強い中村ではあるが、ブラジリアの官僚制度に辟易したのであろうか。私には本当の理由をなかなか教えてくれないが、現状ではブラジリアにはかかわりたくない、という気持ちをもっているようである。一方、レルネルは「アフーダのおかげで計画だけでなく、都市はまた混沌状態に陥ってしまった。彼は最悪だ」とその怒りを私にも隠そうとしない。

二〇一二年三月以降、中村が手がけている大きな事業としてはクリチバから西に二〇〇キロメートルほどいったグアラパーバのアリャカウ公園がある。その規模は約一〇〇ヘクタールと非常に広大で

中村はブラジリアでも多くの公園設計を手がけた

ある。最初はクリチバ市とそっくりの植物園がつくられる予定であったが、中村がアドバイスを求められたので、こんなクリチバの真似じゃあ駄目だ、といって白紙に戻して設計し直したものである。

　また、植物園のコンセプトもひとひねりさせ、蝶が放し飼いにされる温室のようなイメージのものへと変更させた。ここでは、蝶の博物園以外にもちょっとした博物館、人工池を配置した公園、クリチバ市の環境市民大学のような環境教育施設などがある。この施設では、人々に実際、地元の植物や生物などに触れさせながら、生物の多様性を理解させ、環境に対する意識を変革させようと意図している。中村はグランド・デザインを担当し、細かいところは、中村の長女の麻友美の会社で働く建築家である日系ブラジル人のベネジッタ・ホンダが担当している。この公園で見せた中村のデザイン力と実行力に惚れたグアラパーバの市長は、中村に二つほど追加の公園設計を依頼している。

12　宴のあと

レルネルそして中村がクリチバ市の行政から離れてもう二〇年近く、またパラナ州の行政からも離れて一〇年ほどが経つ。その結果、彼らの魔法が徐々に消えつつある。特に、レルネルのあとを引き継いでパラナ州知事となったヘキオンはレルネルの宿敵である。レルネルそして中村の影響力はずいぶんと弱くなってしまった。

クリチバ、パラナ州の各地で世界が絶賛したプロジェクトのいくつかも様相を変えつつある。環境寺小屋については、その変容を詳述した。他の事業でも、ごみとごみでないプログラムは、二つに分類していたものを五つに分類するようにしている。金属、ガラス、紙、プラスチックにその他のごみ。そもそも分類することが不可能であると揶揄されたクリチバ市民に、大人を見捨てて子供にターゲットを絞り、教育するといった工夫までして、どうにか分別を実現させた中村からすれば、五つに分類しようとする現在のクリチバの施策はなんて馬鹿なことをしているんだ、としか思えない。市民を参画させるためには、簡単にすることがなにより重要なのに、誰のためにそれを複雑化しているのか。

回収するときは、ガラスも金属も一緒に代わりにしているのだ。「なんでそんな格好つけなくちゃあかんのやろな」。中村がふと私に漏らした言葉である。

ごみ買いプログラムはそれほど変化していないが、ごみ回収車が通ることのできる道が整備されたりして、ごみ買いプログラムを卒業して「緑との交換プログラム」を導入している場所が増え始めている。現在では九〇箇所以上で「緑との交換プログラム」が行なわれている。これはむしろ肯定的な変化であろう。しかし、最近では綺麗になって自動車も通れるようになった元ファベラでごみを散見するようになってきている。また、「緑との交換プログラム」も、回収トラックが遅延したりすることがたまに起きるようになっている。私も中村とそのような現場に居合わせたことがあるのだが、中村はトラックがいつまで経ってもこない状況に珍しく怒って、電話をかけて誰かを叱っていた。すると一〇分もしないで環境局の職員がその現場に現われ、遅れた言いわけをしはじめた。このときは、バスがストライキをしたのでトラックの運転手が遅刻してきたことが原因だが、環境局長時代にレルネルに、「もしトラックが来ないようなことがあると市民の信頼を失うので、中村、お前は自分の車で現場に行って、回収できるごみはトランクに入れてでも市民の信頼を失わないようにしろ」と言われた中村にとっては、このような状況には落胆させられる。

「ストライキなんて突然起きたことでもなく、あらかじめわかっていたことなのになんでしっかりと対応できないんだろう」。独り言のように呟く中村の横顔はなんとも言えず、寂しいものであった。

二〇〇八年の日系移民一〇〇周年を記念して、イグアス川沿いに、日系移民一〇〇周年記念公園、そして記念館が計画された。この記念館は、扇子とパラナ松を融合させたデザインであり、上から見ると扇子が浮かび上がるガラス張りのすばらしい意匠の建物である。これを設計したのは、二〇〇四年までイプキ所長を務めた建築家ルイス・ハヤカワであるが、建築的には美しいこの建物を中村は評価していない。

移民のことを考えたらああいう設計はできない。もう少しシンプルで、その公園が皆に話しかけるようなメッセージをデザインがもたないと駄目だ。確かに建築としてはすばらしいかもしれない。多くの建築家も意匠は評価している。建築のコンペならいいんだけどねえ。日系移民を讃える公園なのに、そのメッセージがない。あれだと、誰も日系移民と関係がある施設とは思ってもらえない。

中村のこの言葉通り、この施設は日系人からはほとんど支持されず、当初期待された、完成後の運営・管理も、日系人の組織からは拒絶され、市役所のほうで管理して欲しいと言われているそうだ。二〇〇八年には完成するはずであった公園、そして建物は二〇一二年八月現在でもいまだ工事中である。

クリチバの強みは、市民、人との結びつきであると筆者は考えている。「ごみ買いプログラム」、「ごみとごみでないごみ」、「環境寺小屋」など、クリチバは住民との信頼、住民が主人公であるという意識をもたせることでさまざまな課題を解決してきた。いま、この人との結びつきが消えつつある。中村が、この記念館を痛烈に批判するのは、単なる意匠の問題以上に、クリチバの変容が見えてしまうからではないだろうか。クリチバの住民がどう考えているのかを考えていない。人が主人公と位置づけたことでクリチバは、「つまらなく、おどおどした」都市から大きく変容した。しかし、その視点がデザインとか見栄とかに移行してしまっている。それは、中村にとっては納得しがたい変化なのであろう。

同様のことは、パラナ州でも起きている。中村がエコ・ツアーとして観光開発することに成功したイリャ・ド・メル。観光客が増えたのはいいのだが、禁止されているはずのコンクリートの建物がつくられたり、ごみなども昔に比べて増えたりしている。筆者も二〇〇八年の二月に三年ぶりにこの島を訪れて、ずいぶんと浜がきたなくなったことに驚いた。地元住民も、中村の次男で海洋生物の研究をこの周辺でしている規代典《きよのり》に訴えている。「このままじゃイリャ・ド・メルは破壊されてしまう。お父さんにどうにかしてくれ、と伝えてくれ」。これらの声は中村には届いている。しかし、中村はもどかしくても、これらを傍観することしかできなかった。宿敵のヘキオンが州知事であったからだ。

華々しい中村の公務員人生は、最後にヘキオンによる追い落とし、さらにはヘキオンが仕掛けたガセネタの不正疑惑にもとづく日系社会からの批判など、公務員としては有終の美を飾れなかったこともあったかもしれない。しかし、兵庫県の井戸知事が鋭く述べたように、中村はパラナ州の環境長官という肩書きで仕事をしているような器の小さな人間ではない。パラナ州という小さな土俵などではなく、ブラジルという規模、いや地球規模で活躍できる人材である。

中村の半生のまとめはひとまず、ここで終わるが、中村ひとしの物語はいまも続いている。これからも中村はいろいろ縁があったところで活躍をしていくであろう。そして我々自身も中村のように社会、そして世界が少しでもよくなるように日々取り組むことができれば、多くの問題も解決できるのではないかと考える。中村がよく引用するレルネルの言葉「問題は解決である（Problem is a solution）」という姿勢で多くの人がそれぞれの課題に取り組むことによって、この閉塞感あふれる社会も少しはよくなっていけるのではないだろうか。

環境部で自らがつくった池の前で

13 中村をとりまく人々

ジャイメ・レルネル

中村の能力を見抜き、そして中村を抜擢し、中村に自由に仕事をさせ、多くの環境政策・都市政策を成功に導いたジャイメ・レルネル。中村の人生にとってジャイメ・レルネルとの出会いはとてつもなく大きなものであった。ブラジルに農業学校をつくるという夢をもち、日本の大学院を卒業したあとにブラジルに渡り、その後、農場経営で失敗し、夢破れ市役所で働いているところ、レルネルにその造園家としての才能を見出され、抜擢される。バリグイ公園、タングア公園、イグアス公園、オペラ座、環境市民大学、植物園、動物園といったクリチバの主要な公園、ランドスケープ・プロジェクトの企画・設計を行ない、さらにジャイメ・レルネルがパラナ州の州知事になると同州の環境局長となり、パラナ州の多くの自然公園、環境政策に腕を振るう。中村は、レルネルによって活躍する舞台を用意してもらい、役柄を与えられ、そして水を得た魚のように大活躍したのである。中村にとってジャイメ・レルネルの存在、そしてその影響力は巨大であった。

しかし、ジャイメ・レルネルにとっても中村の存在、影響力は大きかった。そのせいだろうか、レルネルが第一期の市長を務めてから第三期までのあいだに、一人あたり緑地面積は一㎡以下の水準から約五〇㎡まで増加する。この数字は、いかにクリチバ市が短期間で多くの公園を整備してきたかを示しているが、それら公園の整備を可能としたのは、中村が設計する公園が人々に受け入れられるすばらしいランドスケープ・デザインを備えていたからである。

また、クリチバを世界的に知らしめた「ごみとごみでないごみ」プロジェクト、「ごみ買い」プロジェクト、環境寺小屋。これらのプロジェクトは皆、中村のアイデアである。中村という人間は、自己主張をほとんどしない。クリチバを視察し、調査する欧米人だけでなく、日本人も中村がクリチバ、そしてパラナ州の環境政策にいかに多大なる貢献をしたかを見落としてしまっている。かく言う私も中村がいかにレルネル、クリチバ市、パラナ州に貢献したかを過小評価していたことに、彼を知れば知るほど思い知らされた。中村が謙虚すぎるということだけでなく、ジャイメ・レルネルという人物のカリスマ性が巨大であるがゆえに、その影に隠れてしまう、という側面もあったと思われる。

ジャイメ・レルネルと中村ひとし。この二人の関係は、才能を見抜く眼力に優れた上司と優れた才能をもつ部下とが連携した場合、その成果は一＋一＝十のような相乗効果をもたらすことを我々に知らしめてくれる。ここでは、中村を語るうえで欠かせないジャイメ・レルネルという人物について整理しておきたい。

ジャイメ・レルネルは一九三七年クリチバに生まれる。両親はユダヤ系ポーランド人であり、一九三三年にブラジルに移住してくる。五人兄弟の次男。若いときは、ブラジル人としては月並みに、サッカーの選手になることを夢見ていた。ポジションはつねにフォワード。ゴールを奪うことがなによりも好きだったようだ。

レルネルがクリチバに与えた最初の一撃は、前述した一九六四年のコンペ案ではない。その直前、クリチバ市は中心部に高架道路をつくろうとしていた。それに対して、パラナ連邦大学の学生たちでつくられたグループが反対する意見書を提出した。当時の市長は学生の意見を聞き、結局その高架道路はつくられなかった。この学生グループのリーダー格がジャイメ・レルネルであった。

一九六四年にクリチバ市が主催したクリチバの将来マスタープランのコンペでレルネルのチームは一等になる。レルネルはみずからがこのコンペ案で提示し、設立することになったクリチバ都市計画研究所（イプキ）の所長を一九七〇年に務め、そして三三歳の若さで一九七一年に市長となる。その後も一九七九年〜一九八二年、一九八九年〜一九九二年とクリチバの市長を務め、「びくびくして、つまらない」と形容されるようなブラジルの一地方都市を世界的に知られる環境都市、人間都市に導いていく。ここでは、その詳細なプロジェクトは記さないが、それはまさに都市計画の勝利とも呼ぶべき市政であった。ただ、レルネルの都市計画に対する考えのさわりを知ってもらうために、拙著『人間都市クリチバ』での彼との取材の一部を抜粋させていただく。

（前略）クリチバも他の都市と同じように多くの課題を抱えています。しかも、先進国と同様な都市問題以外にも、途上国特有のスラム、富の偏在といった問題をも抱えています。決して、問題がない訳ではありません。

しかし、そのような状況下で、クリチバがなぜ成功したか、ということを敢えて一言で説明しようとすれば「人々を尊重してきた」ことだと思います。クリチバは他の都市が乗用車を優先した都市づくりを展開している中、乗用車ではなく人を尊重しました。その努力の積み重ねが今日の成功の大きな理由であると思います。

クリチバの市民は、例え低所得者でも質の高い公共サービス、公共空間を享受することができます。教育システム、医療システムは極めて優れたものです。例えば、市内には保育所が二五〇以上あります。そして、そのように自分たちが尊重されているということを自覚すれば、市民は市と責任を共有してくれます。こうすれば、自ら、都市はいい方向に向かっていくのです。しかし、これが一般的な都市ではなかなかできていません。

私は、どのような条件が都市を変化させることができるか、ということを模索してきました。そして、クリチバ市はそのような条件を満たすことができたのではないかと思うのです。

変化を促すその条件とは以下のようなものです。

1　政治的意志

2　しっかりとした戦略計画（戦略性をもった計画は不可欠である）
3　市民との結束（市民と結束してプログラムに取り組むことが必要である）
4　市民に責任感を醸成させる公式（市民が市政に責任を持つことで、始めて都市は変化できる）
5　市民に将来シナリオを理解させること（もし、将来都市がどのようになるかを知らなければ、市民は都市への敬意を抱かない）

クリチバにおいては、私が最初に市長を務めた時から三〇年間で、これらの条件を満たすことができたのです。もちろん、私は、一九七〇年から都市計画の専門家集団を率いるという幸運に恵まれたということもあります。若く、理想に燃えた専門家達です。彼らとは、その後、ずっと一緒に、クリチバの都市政策に関わってきました。その一貫性が、クリチバを大きく変化させることを可能にしたのだと思います。（四一―四二頁）

レルネルはクリチバ市長を務めたあと、一九九五年から二〇〇二年まで二期、パラナ州の州知事を務める。ここでも、パラナ州の経済的状況を大きく改善させ、人々の生活を向上させることに成功する。クリチバの成功体験をパラナ州にまで拡張させたのである。

レルネルは一九八九年の市長三期目、そしてパラナ州知事のときには、毎週月曜日午前中に局長クラス全員が集まって、市長とともに自由に話し合うという習慣をつくった。いろいろな専門家からいろいろな計画案が出され、その結果、多くの成果を得ることになる。この話し合いのなか、レルネルは中村の日本的な考え方、そこにあるものをうまく利用して公園をつくる、という考えを大事にしたそうである。レルネルの都市づくりの考え方に中村の自然、空間への感性がマッチしたのであろう。

レルネルは州知事を務めたあと、世界建築家協会の会長に二〇〇三年に選出され、二〇〇六年までその要職を務める。その期間、その後も国連の都市計画のコンサルタントをはじめとして、ブラジルの多くの都市（レシフェ、サルバドール、グイアナ、カンポ・グランジ、ロンドリナ、リオデジャネイロ、サンパウロなど）の交通計画を策定していたり、公共広場のデザイン（ポルト・アレグレ、ベロオリゾンチ、サンパウロなど）の設計などに携わっている。特に二〇〇六年から関与したブラジリアの再生計画は、ルシオ・コスタの有名な飛行機の形状をしたプラノ・ピロットに対応するような形で、ブラジリアの郊外都市に二羽の鳥が戯れるような形状での湖を提案するなど、世界的な都市計画家としての名に恥じない提案をしている。さらに、ベネズエラのカラカス、プエルトリコのサンファン、中国の上海、キューバのハバナ、アンゴラといった国外の都市においても都市計画や交通計画の策定に関わっている。

レルネルは世界じゅうの多くの人から敬愛されている。二〇〇八年、レルネルの七〇歳の誕生会がクリチバの郊外にあるサンタ・フェリシダージのレストランで開かれた。このレストランは、収容人数の多さでギネス・ブックにも載るような大レストランなのだが、この招待券をインターネットで購入できるようにした。その結果、レルネルを信愛する市民たちが大挙押し寄せ、それは愉快な誕生会となった。レルネルもご機嫌だったようで、バックバンドを従え、タップダンスを来客に披露した。

クリチバの街中の居酒屋にレルネルに誘われて、中村たちと一緒に行ったことがある。彼の著書『都市の鍼治療——元クリチバ市長の都市再生術』(中村ひとし、服部圭郎訳、丸善、二〇〇五年)で描かれているような、安くて、美味しくて、そして多くの人々で賑わう店であった。レルネルも、店主や客などと談笑しており、元市長で元州知事であるからと特別扱いする客はいない。あまりのイージー・ゴーイングの姿勢に感銘を超えてショックを受けたことがある。

レルネルは世界建築家協会の会長時に日本を数回、訪れたことがあるのだが、レルネルが日本で好きなものは、露天風呂、築地市場、車が通れないようなごちゃごちゃとした商店街(たとえば下北沢)、そして居酒屋である。しかし、多くの場合、レルネルを接待する日本人は森ビルのような再開発をして建てられた高層ビルのペントハウスにあるフランス料理屋に連れて行く。これをレルネルは嫌う。なぜ、日本にいるのにフランス料理を食べるのだ。もちろん、接待している側は最高のおもてなしをしているつもりなのだろうが、たてまえや記号的価値ではなく、本質的なものを好むレルネルは、むしろ給料の低いサラリーマンたちがたむろするような居酒屋を好むのである。もちろん、つまみは美味しいことが必要であるが、値段が高い、安い、店内の装飾が美しい、汚いというのは二の次である。

レルネルの都市的感性は、日本の政策者たちが捨て去ろうとしているものに大きな価値を見出すのである。したがって、下北沢などでなぜ、広幅員の道路を通したりしようとしているのかが彼にはわからない。それはセンチメンタルな問題ではまったくなく、合理的な考えからして理解できないのである。都心の中心通りから自動車を排除して、人々のための都市空間をつくりだしたレルネルならではの疑問であろう。このレルネルの日本のヒューマン・スケールを愛する心は、日本人である中村の重用に繋がり、日本の都市ではなくブラジルの都市において、人間的な空間が多くつくられるようになったのである。

中村のレルネル評は「政治家ではなく、まったくの都市計画家、それも実践型の街づくり技術者である」というものである。そして、「プロジェクトそのものより、実際に実現させるほうにより重要性をもたせる」と評する。強烈なプラクティショナーであり、その点はまさに中村と合致する。レルネルは「人の欠点を直すのではなく、長所を伸ばす」とも言う。その是非はともかくとして、とにかく前向きに対応させる点を、中村は小学校の恩師である土本先生と同じだと言う。二人とも、人のいいところをできるだけ伸ばしてあげようとするのだ。

実際、レルネルは中村の長所と同時に短所をも見抜いていた。長所は、そのアイデアの豊かさとそれを実現させるエネルギーと情熱。短所は、物事を深く考えないことだ。中村が市の環境局長になってしばらく経ったころ、レルネルは事務局長を呼んで次のように伝えた。

「中村はとにかくどんどんやる。それに対して私は予算をつける。しかし、中村は失敗もする。法律もよくわからないのに実行するので、問題も起こす。そのときのためにも、弁護士をつけてしっかりと処理できる体制にしておけ」。

しかし、中村に対しては、レルネルはいっさいやめろとは言わなかった。すなわち、レルネルは事務局長に、中村の失敗の尻拭いはお前だということを伝えたのである。ちなみに、この話は役所内では有名な逸話になってしまったそうだ。

僕でも怖いと思うこともあるし、臆病なところもある。しかし、レルネルさんの前向きで肯定的な考え方、とにかくやらせたらいいじゃないか、という姿勢によって、僕はいろいろと自由にすることができた。下手を打ったら、あとで尻拭いをすることまで考えてくれていた。危ないからやめろという忠告ではなく、とりあえずやらせてくれる。本当に好きなように仕事をすることができた。

また、猪突猛進的な中村には、当然、多くの政治的圧力がかかった。たとえば、中村がつくった制度である「樹木の伐採禁止条例」によって、樹を伐ると罰金を払わなくてはいけなくなったのだが、政治力のある住民は、知人の国会議員に頼み込んで、これを無効にしたいと行動する。そしてその国会議員はレルネル市長に連絡して、「おい、レルネル。中村が樹を伐ったら罰金を取ると言っているが、そんな制度をなくしてくれ。そうでなければ中村を異動させろ」といった圧力をかけたそうである。しかし、レルネルはここで踏ん張った。レルネルが踏ん張ったからこそ、都市計画がしっかりと遂行されたのであったし、中村も思いきっていろいろと斬新なアイデアを出すこともでき、それを具体化することができたのである。

このように、中村はレルネルという後ろ盾に守られて、その能力を十二分に発揮することができた。中村がレルネルによって薫陶を受け、成長したのは間違いがない。しかし、中村がいなければレルネルの環境政策はそれほど創造性にあふれたものにはならなかったであろう。中村は仕事の機会を与えてくれたレルネルの期待以上に成長し、おおいなる恩返しをしたのである。

ジャイメ・レルネルと中村

幾多の政策的課題をともに乗り越えてきたレルネルと中村の絆は強い。レルネルの妻のファニィは、「ジャイメの機嫌が悪いときには中村の話をすればいい。すぐ機嫌がよくなる」と言う。また、「あまりにもジャイメが中村の話をするので、ときたまあなたに嫉妬心を覚えてしまうのよ」と中村は公の席でファニィに言われたことさえある。「私の主人とイトシは関係がおかしい。私のことより先にイトシのことを考えている」とも言われたことがある。この深い信頼関係のある上司と部下の絶妙なコンビによって、「クリチバの奇跡」といわれるさまざまな施策は実現されたのである。その「奇跡」の実現はパラナ州においても引き継がれた。

母親せいこ

せいこの実家は木更津の醤油問屋。敗戦の二年前から里帰りで木更津に戻っており、そこで中村を産む。

筆者はせいこに最初に会ったときに、「いつも息子がお世話になっています」と言われ、困惑したことを覚えている。というのは、非常に身なりが綺麗でしっかりしており若く見え、まさか当時六〇歳になっていた中村の母親であるとは思いもよらなかったからである。「息子」が中村であると知ったときは、心底驚いた。筆者のこの驚きを裏づけるような話を、中村の中学校、高校の知人からは聞くことができる。中村の中学時代の友人らは、せいこのことを「理知的」で「先進的」であるという。明石中学の一年後輩の池内は、中学時代に中村の家に遊びに行き、せいこが「朝日新聞はあかん」と聞かされ、なんて先進的なことを言う人なんだろう、と思ったそうだ。中学時代の同窓生は、しゃんとして、着物をしっかりと着こなした小粋な人というイメージを共有している。

加えてせいこは教育熱心であった。中村は神戸から明石に引っ越してきたのであるが、校区内の中学ではなく、越境して大蔵中学に転校することになった。大蔵中学が市内で随一の進学校であったからである。授業参観にもよく出席していた。いまと違って、授業参観に来る母親が少ない時代であり、そういう親は珍しかった。

中村の両親は一九七六年に中村に会うためにクリチバを訪問する。そこで、ブラジルが気に入って、以後クリチバに住みつくことになる。

中村の両親は時間をもてあましていたこともあり、花屋を始める。ポルトガル語もしゃべれないのに、商売がうまくいくかどうかきわめて怪しげであったと中村は述懐するが、これが見事に当たる。「傷んだ花を治します」ということを売りにしたのである。これが受けたのである。加えて、立地もよかった。言葉が通じないにもかかわらず、儲かり始める。

中村は自分の性格は母親に似ていると自己分析をする。せいこの性格は、「おっちょこちょいだが、情に厚い。心配性だが、決して悪いほうには考えない」。

二〇〇一年の九月一一日、ニューヨークのワールドセンター・ビルがテロによって破壊された翌日、広場に行き、広島の原爆の写真を陳列して抗議活動をした。大学生であった孫の麻友美と彼女の友達もせいこにつきあった。せいこは、戦争によって人の人生が酷く傷つけられることを、体験をもって知っている。戦争を止めるために、思わず抗議活動を始めたのである。ブラジルという異国においても、自分が正しいと思うこと、伝えなくてはいけないと考えることをしっかりと伝えようと努力する。彼女のこのような姿勢に、筆者は中村をダブらせてしまうのである。

父親きよし

中村の父親きよしは島根県松江市殿町出身である。船会社で働き、中村が子供のころはあまり家にいなかった。中村の渡伯に反対していたきよしであったが、会社を退職したあと、せいこと一緒にブラジルに中村を訪問し、その後、クリチバを終《つい》の棲家とする。結局、息子と酒をゆっくりと飲む、というきよしの夢は実現される。

中村の周りの人のきよし評は寡黙の人。まだ中村が日本に帰ってこないときに、中村はきよしに大学時代の後輩である湊に持っていってくれ、と土産を渡した。きよしと会った湊は、せっかくだから喫茶店でも入って話をしようか、と思ったのだが、すぐ帰ってしまったことを覚えている。その後、食事をする機会があったのだが、そのときもあまり話をしなかった。最後に、ここは私が払う、と言っただけである。

きよしの老後の介護を中村は献身的にする。介護のために、昼休み、オフィスから中村は家に戻ってきていた。局長時代でも、それを欠かさずに行なっていた。日曜日には、皆できよしを囲んで生活をしていた。加代子は、日本ではとてもできないような親の介護を兄はできた、と言う。きよしは車イスで自分の息子がつくった公園をめぐっていると機嫌がよくなったそうである。きよしは二〇〇三年に亡くなった。その葬儀はとても盛大であった。前述したように中村がヘリコプターで飛んでいって、会議を実現させたインディオの酋長たちも葬列に加わった。しかし、中村はなぜ、酋長たちが父親の葬儀を知ったかはまったくもってわからないという。

妻久美子

中村の妻、久美子は旧姓を中谷という。父親は小学校の校長先生であり、母親も教員であった。神戸市で生まれ、五歳のころ、明石へと引っ越してくる。引っ越し先は宮の上にある市営団地で、中村がその後、引っ越してくる団地のそばであった。小学校、中学校は神戸大学附属の学校に通う。地元の明石高校に進学し、バスケットボール部に入る。そこで中村の妹の加代子と一緒になる。バスケットボール部では、中村と同じポイント・ガードのポジションを務める。背はあまり高くはないが、ジャンプ力があり、ポイント・ゲッターであった。進学校の明石高校では、クラブ活動は二年まであった。しかし、久美子だけは三年になっても試合には来るように、コーチの中村に言われていた。これは、切り札としてイザというときに、選手として出て状況を打開するためである。

加代子の久美子の第一印象は「典型的なお嬢さん」。ただお嬢さんではあったかもしれないが、久美子は芯がしっかりとしており、また正義感が強かった。小学校に入るころから、将来の夢は「正義の味方」。男の子を引き連れて歩いており、「男として生まれたかった」と強く思っていたそうなので、外面とは違い、内面はお嬢さんというよりかは、相当おてんばであったと類推される。この正義感の強さは、ブラジルに来ても相変わらずであった。目の前を歩いている女性が、ギャングに狙われて囲まれそうになったら、たとえそれを目撃して心臓がバクバクするほど緊張していても、すたすたと近づき、その女性に注意を促してしまう。自分の身の危険をあまり顧みないのである。自分が働く学校でも、約束事を守れないようなことは譲らない。煙たがられても、筋を通すために主張は貫く。久美子の正義感の強い性格は子供たちに引き継がれるが、特に長女の麻友美は久美子よりもさらに武勇伝が多い。前述した中村の収賄疑惑の際での対応以外でも、小学校のころから、友達が年上の不良にものを盗られたりすると、どこまでも追いかけて取り戻したりしていた。大人になってからも、自動車で友人の家を訪問した帰りに拳銃を持ったギャングに囲まれ、自動車の鍵を渡せ、とすごまれてもすぐさま自動車の鍵を投げ捨てようとする。銃口を頭に突きつけられて、しかたがなく鍵をギャングに渡しても、すぐに友人の家に戻り、友人の自動車で自分の車を奪って逃げたギャングを追走して、警官に連絡して自動車を取り戻す。ブラジル人でもひっくり返るほどの大胆さと、悪を許さない強い性格の持ち主である。この麻友美の性格を久美子は「私にそっくりである」と言いつつ、母親としてはハラハラして心配だとも言う。

そのような強烈な性格に加え、久美子は美人であった。前述したが、中村が久美子と婚約したことを知ったバスケットボール部の後輩の男の子たちが、中村先輩が何をしても許すが、久美子さんと婚約することは絶対許せない、と憤懣やるかたないと盛り上がったことを、中村はとても嬉しそうに話したことがある。しかし、そういう話もおおげさには聞こえないような美人であった。

しかし、この美貌のお嬢さんは、高校時代に中村と出会ったことで波瀾万丈な人生がひらいていく。高校時代の久美子にとって、中村はバスケットボール部のコーチであるだけでなく家庭教師でもあった。高校時代から久美子は五歳年上の中村とつきあうことになるのだが、結果的にキューピッド役を務めた妹の加代子は、その事実をずっと知らなかったそうである。キューピッド役というのは、中村に女子バスケットボール部のコーチを頼んだのが加代子であったからだ。とはいえ、中村は中学時代から久美子を知っていた。久美子は神戸大学附属の中学校に通っていたため、中村と同じバスを利用していたからだ。美少女の久美子を中村はしっかりとチェックしていたのかもしれない。

高校生のときから、久美子は中村にいろいろと本を読まされ、映画を観させられては、久美子の感想を尋ねてきた。大学に久美子が入ったときには、中村は久美子を一生の伴侶としてブラジルに連れて行くことを決断していた。大学に入学すると同時に、ポルトガル語を学ぶ場所まで指定され、久美子も律儀にそれに従い、通っていたという。大阪府立大学の海外農業研究会の飲み会にもつきあわされていたので、久美子もなんとなく行かなくてはいけない、とは思っていたそうだ。それにしてもずいぶんと勉強させられた、と久美子は当時を回想する。

そして、ブラジルと日本と離ればなれになり、両家の親たちの反対にもかかわらず、しっかりとその愛を育み、新婦だけの結婚式を行ない、単身船に乗り込み、中村のいるブラジルへと渡っていく。ブラジルに着いたら着いたで、九死に一生を得るような交通事故に遭遇する。生まれて初めて入院した。自分をかばった旦那は足の骨を八本も折り、しかも一時的とはいえ、頭もおかしくなってしまった。旦那が退院したあとも、学校の教師をしつつも、休日は人夫のような仕事までさせられる。しかし、久美子はそれを辛いとまったく思わない。旦那は旦那で、自分がつくった会社も他人にあげてしまうような形で辞めてしまう。上司とケンカをして市役所を辞める。すぐ再就職をするが、つねにハラハラするような出来事が起きるような状況が続く。しかし、これらの苦難をあまり苦難とは思わない。なんとかなるだろう、と気楽に構える。久美子はみずからの性格を「ネアカでのんき」と評する。このおおらかさが、中村という人間を支えるうえで、きわめてうまく機能した。そして数多くのピンチを二人で乗り越えている。しかも傍からは軽やかに難なく、乗り越えているように見える。

とはいえ、二〇〇〇年の収賄疑惑は久美子もさすがにこたえたと言う。中村は久美子が心配するようなことは全然、言わない。いつも問題が解決したあとで言うそうだ。ただし、この収賄疑惑は新聞のトップ記事にもなったりしたので、中村も久美子に隠すことができなかった。夫が賄賂を受け取っていないことは、露も疑わない。それまでも、そのような贈り物が届けられると、即刻送り返すように指示されていたのは久美子本人だったからだ。しかし、一部の人は中村のことを悪く言うチャンスであると捉えたのであろう。特に、日系人だからといって人事面でひいきをしなかった中村に対して面白くないと思っていた人たちは、中村を批判して憂さを晴らした。おそらく、彼らも中村が無実であると思っていたであろう。中村の自宅は派手なところがほとんどなく上品ではあるが質素な普通の一軒家である。車も実用性を重視したようなもので、失礼な言い方をして恐縮だが、決して高級車ではない。そのような賄賂を受け取っている人の生活スタイルからほど遠いのは、一目瞭然である。ただ、日系人として破格の出世をした妬みを発散させるいいネタではあったのだ。そのような卑劣な気持ちを周りの人が抱いているということが久美子を落胆させた。中村と久美子は日系移民の最終ランナーであった。日系社会のなかでやっていくうえではいろいろと苦労をした。ブラジル社会で成功したという事実が、かえって日系という同朋の社会で、不必要な軋轢をもたらしたのかもしれない。

久美子はブラジルに渡ってからは、純心学園で日本語の先生をしている。また、日本語学校の補習学校（土曜日だけ開校）の校長先生もしている。学芸会や運動会といった日本の学校的な催し物も行なうなど、ブラジルではあるがきわめて日本的な教育を行なっている。日本のよさをしっかりとブラジルにも伝えているのである。ブラジルのいいところは、しっかりと生活や価値観に採り入れる。しかし、日本のいいところはしっかりと守り、それをむしろブラジルに普及させようとする。

中村と久美子は二男一女に恵まれた。長女の麻友美、長男の健太郎、そして次男の規代典である。皆、同じ病院で同じ医者のもと、同じ病室で生まれた。医者はブラジル人で久美子は言葉がわからず、辞書を手元に話を試みたが、意思疎通に問題があった。しかし、規代典のときはもうだいぶ、慣れたこともあり、医者にも「もう辞書はいらなくなったね」と言われたそうだ。

久美子は子供たちに、悪いことをしたら謝る、人の意見をしっかりと聞く、ということの大切さを教えた。これは日本人的な価値観である。ブラジルでは、悪いことをしても絶対に謝ってはいけない、人の意見を聞く前に自分の意見をまず言うことが大切であると教える。そういう意味で、久美子は子供たちを「間の悪い」人間に育ててしまったかもしれない、と少し反省の言葉をつくこともある。しかし、彼女が大切に思う、そして彼女が一生をかけて愛した中村の個性でもある「思いやり」と「優しさ」を子供たちはしっかりと引き継いだ。傍からは、たいへん立派な母親に思える。

そして、子供たちは全員が、中村の仕事を引き継いだ。長女の麻友美は環境問題を解決すべく、環境コンサルタント会社を主宰している。長男の健太郎は、地域産業としての水産業を活性化させるためにパラナグア湾で牡蠣の養殖の研究に勤しむ。次男の規代典は海の環境問題を勉強するために神戸大学の大学院に籍を置く。規代典は、二〇〇四年五月に放映された中村を紹介するNHKの番組において、「お父さんは僕のヒーロー」と若干、はにかみながらも堂々と言う。兵庫県の職員である彌城は、子供たちが全員、父親の仕事を継承したということに「日本の家族ではちょっと考えられない」と言うが、それだけ中村の仕事が子供の反発心をも矮小化させるほど立派であったということだったのかもしれない。

久美子は長女の麻友美が生まれた一九七四年に、麻友美とともに初めて里帰りをする。二回目に日本に戻ったのは麻友美が十二歳になったころであった。そのときに中村は久美子の父親と、それ以降一年に一度は久美子を日本に行かせるとの約束をして、その約束は父親が亡くなった現在でも続いている。

大学時代の中村の後輩の湊は、「久美子さんは本当にようあんな人を支えている」と感心する。久美子は気持ちがどんと据わっているのだ。

（左から）中村、中村にポルトガル語を教えた「ブラジルの母」リッタ、実妹である上野谷加代子（写真提供：中村ひとし）

（左から）長男の健太郎、中村。グアラトゥーバの牡蠣養殖場にて。

左から久美子、せいこ、中村

14　南米からみた日本という課題

いままで、中村ひとしの半生、そして彼を取り巻いてきた人々を記録してきた。最後に、日本からみて地球の反対側であるブラジルの一地方都市を、世界に知られる環境都市、人間都市へと変貌させた日本人の体験、視座を通して、日本という国が将来に向けて、どのような指針をもつべきか、そして日本人がどのように生きていくべきかを、力不足を十分承知したうえで、筆者なりに整理してみたい。

海外において日本人であるということ

中村は自分の可能性を試す舞台として、生まれ育った日本ではなく、地球の反対にあるブラジルを選択した。その理由としては、裸一貫で自分の力を試したいという青年の夢に加え、日本のヒエラルキー的な社会システムを嫌悪していたことが挙げられる。しかし、ブラジルにおいても、中村の発想、デザインの仕方、そして仕事のやりかたには非常に日本人的なところがある。特に自然と共存する環境づくりのアプローチは日本人的な感性が存分に活かされている。

中村は日本人としての誇りをもっている。ブラジルという国で、デザインを通じて日本文化を示したい、と考えている。しかし、中村はお寿司や盆踊りが日本文化だとは必ずしも思っていない。昔の日本庭園を示したことで、日本文化を表現できるとは思っていない。そんなものは日本にいけばいい。パラナの材料を使って、パラナの人々によって日本庭園をつくることにこそ意味があると考えている。

クリチバは多くの国々の都市政策関係者から強い関心を抱かれている。しかし、どの国よりもクリチバに感銘を受けるのは日本人なのではないか、と筆者は思っている。というのは、日本人はクリチバに日本を見出すことができるからである。そしてその日本らしさのほとんどを創り出しているのは、中村である。中村が手がけた多くのクリチバの公園等の設計、特に環境市民大学、オペラ座、イグアス公園、植物園。これらは、ブラジルというキャンパスに、油絵の筆で描かれた日本画のような趣きがある。絵の技術は日本で学んだ。しかし、絵はブラジルのキャンバスに描かれた。さらに、これに中村の個性が加わった。その個性とは、設計図を描かないということである。設計図というトップダウン的なものを場所に押しつけるのではなく、場所にどのような空間になりたいかを聞くというスタイルである。その場所で考えながらどんどんと空間をつくりあげていく。このユニークなアプローチを考えさせたのも、自然や風土へのしっかりとした日本人的な理解があったからである。

緑地をつくるうえで一番大事な考えが、そこにあるものをうまく使おうということです。いろいろと難しい問題もあるけれども、結局これ、という公園施設とかそういうのはないわけです。流れがあるなら、その流れを利用しましょう。川があるからそこをうまく使いましょう。湧き水があるから湧き水を使いましょう。そういう簡単な考えで公園をつくると管理も非常に楽になる。

目的とイメージがしっかりとしていれば、日本でもブラジルでもランドスケープの仕事をするうえでは違いはない、と中村は言う。しいて言えば、素材の使い方に違いは感じる。そこにあるもの、その風土に合ったものを使おう、といった考えは、ブラジルはそれほど強くない。どちらかというと、デザインの美しさみたいなものを優先してしまう。中村は日本庭園の勉強をしていたこともあり、植物でもひとつひとつがもっている美しさをできるだけ表現する、ということを学んだので、その点ではブラジルとの違いを感じる。

緑でも淡い緑、輝く緑、葉っぱの大きい植物の緑、小さい植物の緑など多様である。しかし、ブラジルはどちらかというと緑だったら、それほど頓着しない。色彩に対しての繊細さが日本人とは違うことを感じる。石を使おう、といった場合も、細かい違いなどをブラジル人はそれほど感じることはない。そういう場合、中村はいろいろと石の話をする。石もひとつひとつ、物語が違うんですよ、と教える。山の石と河原をコロコロと転がってできた石とは違うんですよ、と教える。ウルグアイの雑誌（*CASATOP*, 二〇〇一年一二月）に中村の記事が掲載されたことがある。その記事は、中村がかかわった公園などのプロジェクトでは日本を感じることができる、と解説していた。

中村はブラジルにおいて、日本のよさを表現しよう、日本のよさでブラジルの環境をよくしよう、と考えた。日本人である自分だからこそできることがある。そのためには、広くブラジルの社会のなかに入り込んでこそ、日本人としての表現もできる。中村は日本人だからこそ有していた自然と調和する思想、自然に対する繊細な感性を活かしたランドスケープ・デザインを、ブラジルという土地で実施した。

中村は、祖国である日本に対して特別な思いを抱いている。ブラジルに暮らして、日本を顧みて、日本のすばらしさに改めて気づかされた。日本はすばらしい国であると中村は思う。阪神淡路大震災、そして東日本大震災などで世界が感嘆する人々の協調性。どんな災害が起きても、人の醜さを出さない文化レベルがきわめて高い国民であると思う。阪神淡路大震災では、ちゃんと列を守り、自分勝手なことをせず、自分の利益より全体の利益を優先させる。しかし、ブラジル人でもアメリカ人でも、災害が起きると利己的に動く人が多い。

一方で、そのすばらしさを日本人は大切にしていないのではないかと思う。建築なども、自然を活かしたすばらしいものを多く擁しているのに、外国の都市にまでわざわざ学びに来る。日本のよさに気づいているならまだしも、それを知らないのに外国のことを勉強するのはおかしいのではないかと思う。

また、解決を早くすることが重要なのに、石橋を叩いても渡らないようにぐずぐずする。福島第一原発のような危機的な状況でも、東京電力や役所は行動できない。せっかく優秀で、協調性あふれる国民であるのに、もったいないとつくづく思うそうである。

日本人のいいところ、悪いところをしっかりと相対化して理解する。いいところはブラジルでも活用するし、悪いところは反面教師として、やはり活用する。日本人も中村の考え方や行動から、日本人としてどこに誇りをもち、どこを直すべきかを知ることができるのである。

実行することをなにより優先する

中村がクリチバ市の環境局長を退いてからすでに十六年近く経つ。中村が大活躍をした時期もだんだん過去の話になりつつある。しかし、彼と一緒に仕事をしたことのある人々は、彼の仕事への情熱、彼の人柄への絶賛を惜しまない。中村のあとを継いでクリチバ市の公園部長、そして環境局長を務めたホセ・アンドレゲッティは「ヒトシ・ナカムラという偉大なプレゼントをくれた日本へ心の底から感謝する」と私に言う。中村から学んだ一番のことは「プロジェクトを実現させる力」だと言う。

筆者が中村に同行させてもらい、市内を訪問すると、多くの元部下やファベラの住民が別れ際に言う言葉がある。「イトシ、いつ環境部長に戻ってくるんだい?」。中村がクリチバ市の環境部長を、パラナ州の環境局長になるために辞めたのが一九九三年。その後、市役所で監査役の仕事をしていたが、それを定年で辞めたのが二〇〇七年。二〇〇八年になっても、クリチバ市の環境部の職員は中村に言う。「早いうちに環境局長に戻ってください」。ファベラの住民は、最近のごみ買いプログラムがいまひとつだ、といった不満をたらたら述べたあと、中村に「いつになったら環境局長に戻ってくれるのよ」と訴える。

クリチバの環境局長として中村が初めてファベラに足を踏み入れたのは、「ごみ買いプログラム」の話をファベラの住民とするためであった。そのファベラはサバラ集落といって、クリチバのなかでも最も治安の悪いところであった。市役所の仲間は、「あそこに行くと石を投げられるから、行かないほうがいい」と忠告してくる。それなのに、尻込みをしている部下を尻目に、一人でとことこと入ってしまう。長年、中村の部下をしていたトッキオは、「いまでも、あのときの中村さんのようなことはできない」と言う。

その後、クリチバ市の環境局長になったトッキオは、中村のことを「絶対に諦めない。ネバー・ギブ・アップの人だ」と言う。他のことは普通だけど、諦めないという点では狂っている、とまで言う。「怖さを知らない人だ」と言う。私が中村にサバラ集落に入るときに「恐怖心は生じなかったのですか」と尋ねると、「情熱が強すぎて、恐怖心がなくなっちゃうのかな。レルネルさんに行け、と言われたし、まあ、気合いで行くしかないでしょう」と笑いながら答える。しかし、この会話で、改めて、「ごみ買いプログラム」は、中村なしでは決して実現できなかったことを知る。この一人の「狂っている」とブラジル人から評される日系人の存在抜きに、「ごみ買いプログラム」が具体化することはなかったのである。

トッキオが半分呆れたように「絶対に諦めない」と形容する中村だが、中村はむしろ、これらの問題に挑戦するのが楽しくてしょうがなかったようだ。ブラジル人にごみの分別をさせるという「ごみとごみでないごみ」プログラムは、「本当に九割の人が絶対無理だと言っていた」。

しかし、無理であると言われれば言われるほど、中村にはむくむくとチャレンジ精神が大きくなってくるようなのだ。同様に、「ごみ買いプログラム」のサバラ集落に入ることも、周りが危ないと言えば言うほど、チャレンジしたくなる気持ちが生まれてくるそうなのだ。そしてクリチバは多くのチャレンジし甲斐のある課題には恵まれていたし、レルネルは、それらの課題を中村にどんどん仕事として渡していたのである。

レルネルは定年退職したあとの中村についてこう語る。「イトシの活躍する場をつくってやりたい。しかし、現在の仕事の多くは官僚的調整を必要として、なかなかイトシの能力を発揮するような状況にならない。イトシは、そういう官僚的なことが苦手だからな。イトシの特技は、計画ではなくて実行だ。実行するということで、彼より優れている者はいない。昔はイトシは大活躍できた。私が一番のクライアントだったからさ」。

この発言は興味深い。中村は官僚的なことが苦手だ、とレルネルは捉えているが、中村はずっと公務員（正規採用ではなかったかもしれないが）であり、なおかつ公務員としては破格の出世をしてきたからである。公務員という立場で、なぜ中村があれだけのプロジェクトを机上のものとせずに実現できたのか。その理由を、このレルネルの話から推察することができる。それは、官僚的な調整が苦手というよりかは、気にせずに、プロジェクトの実行に最大の価値をおいたからであろう。そのためには公務員としてはきわめて珍しい、というか公務員の定義にも反するような印象も受けるが、中村は規則をしっかりと守る、ということに価値をおいていない。

中村はいまでもよく長女の麻友美と仕事上のことで口論をする。麻友美は、環境計画のコンサルタント会社を営む。麻友美は頻繁に仕事のことで中村と相談をする。しかし、この二人、よく対立するのだ。中村はとりあえず、問題を解決する最短距離の方法を提示する。しかし、麻友美はそのようなやりかたは現実的に難しいから駄目だ、と言う。麻友美は法律に詳しい。父親のやりかたではすぐ法律違反になってしまう。中村は、法律が邪魔をするのであれば、法律を変えるか、法律の抜け道を探す、という思考をする。「法律は悪いことを起こさないためにつくられたのであって、よいことをすることを妨げるものであってはならない」というのが、中村の法律や規則に対する根本的な考え方である。何が悪いことで、何がよいことか、ということが問題になるとも思われるのだが、中村にとってはそのあたりは明らかであるようだ。中村が最も嫌うことは、計画をするけど実施をしないことである。中村の環境局時代の部下が最も中村に感銘を受けたことは、その実行力であるという。麻友美ももちろん、問題解決が重要であることはよく理解している。ただし、父親のように破天荒になれないのだ。とはいえ、口論をしても、次のプロジェクトではまた父親に相談しているのである。

ブラジルも最近は訴訟が増えてきており、そのため現在のクリチバ市の環境局長はなにもしなくなっている。下手になにかしたら、訴えられると思っているわけだね。そうするとどうなるか、というと四年間なにもしないということが一番いいという結論になる。法律は悪いことができないようにつくったものなのに、良いこともできなくなってしまった。たまたまそういう役職についた人と、レルネルさんのように街はどうにか自分たちで変えよう、と思う人が役職につくのとではまったく違う結果になる。

中村の大学時代の後輩であり、自身、尼崎市役所の公務員をしている湊がすごいな、と感心するのは、「まかせとき、まかせとき」と中村が即答してしまうことである。日本の公務員であれば、誰が予算を負担するのか、とかいろいろと問題が生じる。それなのに「なんとかするわ」と適当に立ち話で決めてしまうことに湊は驚く。

「あれこれ資料がないと判断できない役人が多いけど兄は違っていた」とは妹の加代子の評である。判断力がしっかりしていることが実行力に結びついている。さらに、その判断をするうえで反対意見にも耳を傾けた。中村の反対派の人たちも、「イトシは意見を聞いてくれる。他は反対の立場であると話もしてくれないが、イトシは話をしてくれる。したがって、結果的にイトシの案はより皆に受け入れられるものになった」と言う。そして彼らもまた中村が環境局長であったときを懐かしむのである。

中村の判断力が優れていることを理解するエピソードとして、羊による公園の芝刈りを実践したことが挙げられる。クリチバは多くの公園を短期間に整備した。その結果、公園を管理する費用、特に芝生を刈る費用がかさんでしまう。このとき、職員のペランダが羊にやらせたらどうだろう、というアイデアを出す。それを実践したのが部長であった中村である。「羊に芝刈り」というような荒唐無稽に思われるアイデアでも、中村はすぐにやると即断して実行してしまう。その結果、羊がやることにはまったく支障がなく、八〇％の維持管理費を節約することができたのである。加えて、羊は糞をするので、それが肥料代わりにもなり、しかも羊が公園にいると子供たちがとても喜ぶので、副次的効果も大きなものがあった。そしてなにより、環境都市クリチバのイメージにもぴったりマッチしたエコロジー的風景をつくりだしたのである。

判断力に加味された決断力も飛び抜けている。たとえば、パラナ松の伐採が問題となっていたインディオの居留地区に車でアクセスできないのでヘリコプターで行って、インディオの酋長と会談したとき。なぜ、そんな危ないことをやれたのかと尋ねる筆者に中村はこう回答した。

勝負に勝つには、そのときの気迫。政治的になにか色気をもっていたりしたら、うまくいかなかったでしょう。パラナ松とインディオの問題をどうにかして解決しなくては、という思いが些細な心配を後回しにさせた。ヘリコプターで行ったことも、いま考えると正解だったと思う。

中村の図抜けた実行力はワーカホリックとコインの裏表でもある。この点も日本人らしいところかもしれない。中村が局長を務めていたとき、クリチバ市でもパラナ州でも、当時は、部下たちは異口同音で「仕事が大変だ」とぼやいていた。「イトシと働くと病気になるか、頭をおかしくするか、離婚するかだ」とも言われたこともある。中村は仕事をするとき、「これは今日じゅうに仕上げるように」と言って部下たちを猛烈に仕事させていたからである。しかし、中村が辞めたあとは、また異口同音に「あのころは本当によかった」と言う。

中村が環境局長であったとき、クリチバ市でもパラナ州でも運転手を勤めていたジャシール・シモーネスは、「中村さんの下で働いていたときほど、あちこち移動したことはなかった」と言う。いまでもクリチバ市の局長クラスの専属ドライバーをしているが、当時の中村の移動距離は尋常ではなく長かったと言う。

カシオ・タニグチに請われて、ブラジリアのプロジェクトを手がけていたときに、一緒に仕事をしたブラジリア州の環境局長のエドアルド・ブランドンは、中村は「やりたい気持ちが強い」と表現する。ブラジルは自治体によっては、なんだかんだといって結局やらない場合が多い。中村は「やりましょう」と言って、やってしまう。それがすばらしいと指摘する。

カトリックパラナ大学で建築の教鞭を執り、クリチバ市の市長顧問をしているフェルナンド・カナーリは、「イトシの考えは自由だ」と言う。「アメリカのインディアン流にあだ名をつければ、イトシは『自由な頭』だ」と真剣な顔で筆者に言う。公務員というと、お役所仕事と言われているように、あまり創造的ではない、ルーティーン・ワークで面白くない、というようなイメージが日本でも抱かれていると思うが、中村のクリチバ、パラナ州での活躍は、公務員という職種に問題があるわけではないことを我々に知らしめる。むしろ、公務員であるからこそ、中村はでっかい仕事をやり遂げることができたのである。建て前より実行することを重んじる価値感をもった、ルールをあまり気にしない、実行力にあふれた公務員であったからこそ、中村は多くの成果をもたらしたのではないだろうか。

翻って日本の状況を鑑みると、日本ではちょっとした問題が生じると、もう駄目だ、と諦めてしまう嫌いがあるのではないか、と中村は指摘する。すぐ諦めてしまうのと、それでもどうにかしよう、と解決しようとするのとで大きな違いがでる。プロジェクトが優れているから上手くいくわけではない。必要なのは情熱であろう。中村はこの点を強調する。

プロジェクトは三ページの企画書でまとめられてしまうような簡単なものでいい。しかし、うまくいくのはそれを誰がどうやってやるか、ということである。ごみ買いプログラムで回収トラックが時間通りに来なかったら、環境局長であった私が取りに行け、とレルネルさんは命じたものです。

市役所が本気になっているということを住民が理解すれば、住民が協力する。この点を日本の政治家、公務員が理解することで、日本においても大きく状況が変化するのではないだろうか。もちろん、それらの施策は住民が納得できるものでなければならないのは言うまでもない。

とりあえず実施することが重要だ。この重要性を、中村はみずからがあまり関与しなかったが、世界的に有名なったクリチバのバス政策[1]で説明する。

クリチバのバスのチューブ・ステーションなんか、バス政策を始めたときにはレルネルさんの頭の隅にもなかった。二台連節のバス、三台連節のバスをつくることも最初は考えもしなかった。だからはじめのプロジェクトから全部解決するなんてことはとうてい考えもつかなかった。最初はバス専用レーンができて、次に、その本数を増やす。そのぐらいの簡単な、五ページぐらいの企画書のプロジェクトだった。しかし、関係者のみんながこんなんじゃだめだ、もうちょっと欲しい、ここにつくりましょう、あそこにつくりましょうと議論した。それでもだめなら、今度は二台車両を繋げてみましょう。それでもだめなら、今度はチューブで日本みたいにプラットフォームのバス停留所をつくったらどうだ。それでもだめなら、今度は三台車両を繋げましょう、そのように次から次へと展開していったわけやな。

そのようにどんどん活発にダイナミックに動いているから、これで良しとするプロジェクトはいっさいないわけな。はじめはこういうものだ、次はこういうものだ、といった具合に、まちは段階的に変わっていく。だからこうでなければいけないとか、ごみを分けなければいけないとか、そういう（強制的な）プロジェクトはいっさいなかった。

地球環境サミット以来、クリチバのことを日本人も知ることになり、多くの日本人が視察に訪れるようになった。しかし、彼らは「日本ではできない」と言う。なぜ、できないと判断できるのであろうか。このすばらしい南米の宝石と形容したくなるクリチバは、日本人や日系人がその実現に多大なる貢献をしたのである。民族的な違い、国民性の違い、と片づけてしまうことはできない。もし、日本ではできない、と判断するのであれば制度的な違いということになるであろう。しかし、制度は変えられる。日本の問題は、できない理由、できない言いわけをすぐ考えてしまうことなのではないだろうか。できなければ、どうやったらできるだろう、と考えないで、できないアリバイづくりに思考が走ってしまう。それではできるわけがない。

人をなにより大切にすること

中村は人が好きである、というのは中村の周辺の人々がよく指摘することである。妹の加代子は「人とのかかわりのなかでつくっていく物語が好きなんじゃないか」と言う。人を面白がる能力、暗いものから明るいものを見出す能力に関しては、中村は傑出したものがあるのではないか、と思われる。これはレルネルにも通じている。レルネルも、人の良い点を見出すことにおいてきわめて優れており、多くの職員のなかから中村の優れた才能を見出す。そして常識にとらわれない人事をする。それは、中村の公園課長、環境局長への抜擢であり、若きカシオ・タニグチの都市公社所長への抜擢に象徴されている。レルネルの人事の妙を間近で見てきた中村は、生まれながらの人を面白がる能力に加え、人のよいところをうまく活かす術も修得したのではないかと思われる。

中村の母親は、中村ほどクリチバを愛している人はいない、と言う。ある意味で、中村はレルネルよりもクリチバのことを愛しているのかもしれない。それはまさに無償の愛である。中村は、貧しさ、金持ち、頭の良さ、頭の悪さなどとはまったく関係なく、人と分け隔てなく接することができる。この彼の器量の大きさが、ブラジルという格差問題がきわめて深刻な国において、奇跡的に低所得者層のコミュニティを改善することに成功した要因なのではないだろうか。環境寺小屋、ごみ買いプログラム。世界を驚かせたファベラの環境を大幅に改善した中村のアイデアは、彼の人間性抜きには出てこなかったと思われる。

久美子は、中村は「人の面倒ばかり見ていた」と言う。農場が潰れて、ふらふらしていた福西にどうにか仕事を提供したいと考え、自分は公務員であるのに造園会社をつくったこともそうだが、一度、ほとんど縁がない人が私立大学の学費が払えないので、彼に代わって払ってあげたこともあるそうだ。正確には、この人は自分の仕事相手の建築業者の妹の旦那ではあったのだが、それにしてもずいぶんと面倒見がよい。私のような心の狭い輩は、その建築業者の義理の兄が払えばいいのではないかとも思うのだが、どうも、当人は見栄もあり、義理の兄に無心しにくかったので、同じ日系人ということもあって中村に援助をお願いしたそうである。この話を聞いて驚く私に、しかし中村は、「いや、そのおかげで、この建築業者は、市役所の仕事をずいぶんと無理してしっかりとやってくれた。雨が降っていたにもかかわらず、歴史保全地区の石畳を張り替えなくてはならないときなどは、小さいトラクターを数台入れて一気に仕上げてくれた」と言う。それを聞いた久美子は、「ほとんどの役人は現場に行かないのに、あの人は行く。だから頑張ったとも言えるのではないか」と言う。おそらく、両方であろう。この建築業者は中村にはずいぶんと心酔していたことは確かなようで、「クリチバはイトシのおかげでできた街」とまで言ったそうだ。

このエピソードからもわかるように、なにしろ人を動かすのがうまい。中村は以前、アラカジュという熱帯地方において、公園設計の仕事をしたことがある。昼は暑いので人夫は働かない。しかし、中村はみずからが働き始めることで、うまくこの人夫を働かすようにもっていき、短期間で公園をつくりあげた。クリチバ市内のルイ・バルボーサのバス・ターミナルに隣接した公園をつくるときは、五リットルのワインとシュラスコ(2)を携えて、現場へと行った。これは、冬場で手がかじかむほど寒かったため、ワインを飲んで暖かくなってもらい、仕事の効率を上げてもらうためであった。とはいえ、仕事中にお酒を飲むのはもちろんブラジルでも禁止されている。しかし、人夫も公園部長がまさかワインを差し入れするとは思わなかったので士気は上がった。もちろん、飲み過ぎるなとは言っておいたそうであるが、その結果、仕事はずいぶんと捗ったそうである。

中村は管理職になったあとでも、家族ぐるみで職場の人とつきあうようにした。レルネルに取られてしまった、本来は自分のためにつくった公園部にある離れには、バスケットボール・コートとテニス・コートもつくっていたのだが、週に一回、レルネルがいないときを見計らって、ここで中村は部下たちやその家族と遊んだ。スポーツをしたあとは、バーベキューをしてお酒を飲んだ。バーベキューをするための施設も中村は、この離れにつくっておいたのである。このようなことを実施したのは、中村の部署だけであり、クリチバでもブラジルでもきわめてユニークなことであった。日本でいう「飲みニケーション」を部下たちだけでなく、家族を大切にするブラジルの価値観を尊重して、家族もひっくるめて行なったのである。ときたま、職場の人以外も入れてくれ、と遊びに来たが、もちろん中村はウエルカム。組織のコミュニケーションを大切にする、という日本流の考え方が、この中村のアプローチに感じられる。

クリスマスにはシャンペンや鶏、子供用のお菓子などを部下にプレゼントとして配った。中村は部下が何人もいる管理職になっても、決して上が下を見るような視点で人と接しない。上から下までが一体となって初めてしっかりとした仕事ができるという信念を有していたのである。

中村がパラナ州の環境局長を退いたあと、彼の仕事を秘書としてサポートしている梶原真理は、中村のすごいところは、なまったポルトガル語をしゃべっていても人々と本当に心を通じることができることであると言う。

環境市民大学で中村の下で働いていた梶原は、中村がパラナ湾の漁師に友達のように親しまれていたことにとても驚いたそうだ。友達みたいな感じで話し合っている。局長という立場であっても、現地で直接、関係者と話をしている。これは、彼が手がけた他の事業でも同様である。梶原は、局長だからというわけではなく、一人の個人として親しまれているからだろうと言う。これはブラジルでもとても珍しい。梶原は日系二世であるが、彼の父親や叔父と比べても、中村は現地のブラジル人とコミュニケーションがはかれていると言う。ファベラに中村と同行して訪問すると、多くのファベラの住民が中村を見つけると抱きついたり、握手を求めにきたりする。ちょっと考えられないことだと言う。

レルネルさんの一番基本的な考え方は、人を大切にする、あるいは環境を大切にしていくということ。昔の日本と一緒です。知り合いのなかに「ちょっとごめんね」と言いながら入っていく。そして、どういうことが起きたかというと、人間関係ができあがった。交通政策も用途地区も人を大切にするという気持ちから始まった。さらに、環境政策も、環境を保護するために人々から乖離するのではなくて、ひとつひとつの繋がりで、「使ってください」という政策にしたことで成果を生み出せた。ファベラでもごみを大切にしましょうと提案する政策。社会的政策でも貧困地帯、あるいは不法侵入地帯でも人を大切にする。特に貧困地帯の子供たちを大切にして、指導をする。そういうふうにすべての政策が、人を大切にする。住民が、市役所が自分たちの人生を重んじていると感じる。それ以上、良いことはないわな。あるいは自分たちのことを尊敬している、自分たちは見捨てられていない。そういうことを、どこの地域に行っても感じられるようにする。花通りを歩いても感じられる。その結果、そういう気分になった人たちはどうするかというと、やっぱり都市にお返しをするわけ。どういうお返しかというと、「このまちはすばらしい」

と思い、「税金も払おうか」ということになる。

クリチバが成功したのは、人々が「自分の街だ」という意識をつくれたことが大きいだろうね。「ごみとごみでないごみ」プログラムで、ごみを自宅で分別する、という毎日の行為が、自分が街づくりに参加しているという気持ちを育てた。それまでは、クリチバにもそういう意識はなかった。ごみを分別することで、身体を動かすことで市役所との連帯感が育まれた。これは、当初はあまり計算してなくて、思わぬ副産物。ただ、それまでレルネルさんが行なった、花通り、街路樹の植栽などを通じて、人々の市役所に対する意識は協力的なものに変わってはいた。しかし、具体的な形にするところまでは到達していなかった。それを突破したのが、「ごみとごみでないごみ」プログラム。クリチバは、住民たちが「こういう街にしましょう」という意識をもたせることに成功した。それが、やっぱり大きかったのだろうね。

そしてこの「ごみとごみでないごみ」プログラムや「ごみ買いプログラム」、「緑との交換プログラム」を応用して、中村はパラナ州ではバイア・リンパを実施した。バイア・リンパでは漁民たちに「自分たちの湾」という意識を芽生えさせることに成功した。湾を汚さないことが、環境的に正しいことの理解が共有されたのである。

それまではただの魚がいる場所だったのが、自分たちのものという意識へと変容した。同様のことは環境寺小屋についてもいえる。環境寺小屋があると、その部落でギャングもちょっと好き勝手やりにくくなる。住民たちも集まりやすくなる。ファベラにおいても環境寺小屋で予防注射をするようになったり、各種手続きをする拠点として活用されるようになった。環境寺小屋ができる前は、ファベラでは予防注射は実施されていなかった。ちなみに、クリチバ市では予防注射は市役所が無料で実施してくれる。環境寺小屋がつくられるまでは、そのような行政サービスとファベラの住民は無縁だったのである。

街路樹も自分の家の前のものは自分で水をやってください、とお願いした。市役所が街路樹は植えるけど、基本的に各家庭に一本植えられた。木を育てることの大切さ、おもしろさを市民に知ってもらいたかったからだ。

もちろん、これをしない市民もいた。市民がしない場合は、役所がやる。しかし、それでも自然保護を大切にするという意識は、都市全体では高まり、広がっていく。ひとつの環境教育でもあったのだ。中村は各家庭に、「自分で街路樹に水をやってください」と書いたパンフレットを配った。住民を巻き込み、参加させようとしたのだ。

レルネルが必ず演説で言うのは、「クリチバ市をつくったのはクリチバ市民である。自分はきっかけをつくったかもしれないが、つくったのは市民たちである」ということだ。緑との交換のときも、初日にはレルネルがごみとの交換トラックに乗った。そのような情熱があったことで、緑の交換プロジェクトは成功したと中村は解説する。

一方で、日本の都市や地域に関しては、「人を大切にすることを忘れている」と中村は言う。その結果、都市計画の対象が自分たちの都市であるという意識が日本ではまったく生まれない。

「ごみとごみでないごみ」で再生ごみの分別をお願いしたときも、市役所がやれ、という人も多くいた。そのためこのキャンペーンでの言葉遣いに気をつけた。レルネルさんが配慮したのは、押しつけたらしないので、あくまで自由に参加している気分にさせるようにしたこと。市民には自分たちがすることではじめてごみの仕分けができるように思わせることに工夫をした。ちょうど、「ごみとごみでないごみ」のキャンペーンを開始したころ、グレカさんと私は東京都を訪れた。東京都も同じようにごみの分別のキャンペーンをしていたのだが、東京都は、「ごみは分別しないといけない」という感じで、いけない、せねばならない、といった言い方をしていた。しかし、こういう言い方をしたら、都民はごみに対して悪いイメージをもってしまう。なんで役所から強制されなくてはならないんだと思うであろう。

クリチバは東京都と違って、ごみを分別してくれて市民にありがとうという立場をとる。葉っぱ家族を登場させたり、分別ごみの回収車は音楽を鳴らしたりして、楽しいプログラムにすることを心がけた。押しつけても、糞喰らえと思われるだけだ。ありがとうと言ってやってもらったほうが市民は協力してくれる。クリチバ市では市役所が「ごみを捨てるのはやめましょう」といった類のキャンペーンをしたことは一度もない。このようなことがきわめて重要であることがレルネルさんにはわかっていた。クリチバは、ちょっとしたツボを押さえたことで、市民が自分たちの都市を誇りに思うようになったのである。

日本の大都市では、まさにクリチバとは反対のことが起きている。多くの道路事業に対して、地元の住民が反対運動をしても、それらの声が市役所に届くことは稀だ。また、原発に関しても福島第一原発の事故後、原発再稼働反対の声が大きくなっていても、それらの声が政策に反映されることはない。誰のために政治が行なわれているのか、きわめて見えにくい状況にある。

レルネルの日本の都市評も中村の指摘に通じるものがある。

日本にはよく行っています。ただし、それぞれ滞在期間は短いので、それほどよく知っているとは言えないかもしれません。印象としては、公共交通が充実しているということです。そして、建築をみると単体はしっかりしているのに、集合体としてみると酷い、ということです。看板などが多すぎるのも気になります。

そして、自動車を重要視し過ぎています。自動車システムを維持するために多額のお金がかけられています。公共工事のコストがとても高そうなシステムを持っています。また、人々が集えるような広場などがありません。勿論、銀座などのような空間はあります。しかし、全般的に都市空間は自動車が優先されており、歩行者は蔑ろにされている印象を受けます。(3)

レルネルと中村は阪神淡路大震災のお見舞いに、一九九六年の冬にパラナ州の姉妹都市である兵庫県を訪れた。その情報を知った神戸市の職員が、震災復興の考え方の助言をレルネルに求めてきた。レルネルのスケジュールはタイトであったが、朝食のコーヒーなら一緒にできるということで、職員はそこでレルネルの考えを聞くことになる。神戸市は、震災で都市高速道路がほとんど崩壊していた。

レルネルは、この都市高速道路が崩壊したのはちょうどよい。これだけランドスケープが美しく、公共交通も整備されており、すばらしい都市デザインもなされている神戸市の良さを駄目にしているのが高速道路である、と言った。レルネルは高速道路を神戸市から撤去することで、いかに、神戸市の魅力が改善されるかということを説いたのである。彼は、この説明をするときに、サンフランシスコが一九八九年のロマ・プリータ地震によって、倒壊したエンバカデロ・フリーウェイをそのまま撤去したことを事例として挙げて説明した。この職員が、このような提案を期待していたかは不明である。しかし、この提案に対して、日本の復興予算は、新しく道路を整備すれば出るが、道路を撤去することには出ない、と回答したそうである。レルネルにとっての復興は、震災前に存在したいらないものは撤去することも含まれるのだが、日本では同じものをつくり直すというのが復興なのだな、と変に納得したそうである。

中村は、このレルネルの回答に「さすがやなあ」と思ったそうである。しかし、このエピソードから伺えるのは、日本の都市づくりにおいての土木偏重の考え方である。人のための都市ではなく、道路のための都市づくりに偏ってしまう。レルネルの回答は、突飛なものではない。実際、サンフランシスコだけでなく、アメリカのポートランド市においてもウォーターフロント沿いに走っていた高速道路を崩壊していないにもかかわらず、撤去してしまった。隣国の韓国でも、ソウルの都心部を走っていた高架高速道路を撤去し、暗渠となっていたチョンゲチョン川を再び地上に戻し、親水公園としてよみがえらせた。

しかし、日本においては道路を整備しない、という都市計画の選択肢がそもそも存在しないに等しい。そして、その整備にあまり意義がないことも気づいている人は気づいている。同様のことは、原発事故を起こしたあとの、原発再稼働にも言える。よくないのはわかっているけど、仕方ないと諦めてしまっている。このことについて、日本から渡伯した中村は違和感を覚えてしまう。

ブラジルだと生活のレベルがそもそもたいしたことがないので、電力を節約しても、それほど失うものはない。原発で事故が起きたら取り返しがつかないということがわかっているのに、再稼働までして、どうして快適な生活を求めるのかな。

いろいろと困ったら、倹約をすればいいだけだ。すべてが市場社会、モノとかお金で判断されるような異常な世界になってしまった。お金がなかったら倹約しましょう、電気がなくなったら節約しましょう、ということがなんでできないのだろうか。仕方がないですねえ、で済んでしまっている。政府も政府だけど、危険性があるものをつくったというのがまず一番の問題であるが、なんでみんな原発のほうに力を入れてしまっているのだろうか。そっちのほうが結局、高くつくのに。また、なにか起きたら、何十年何千年もその汚染が残るのに、なぜ、やってしまうのであろうか。

雇用がなくなるから、生活がちょっと快適でなくなるから、で仕方がなくやってしまうより、電力の使用をなくすことが環境にもいいし、人間的でもあるだろう。いまは、我慢しなさい、というのがまるで罪のようなことになってしまった。なにか買いたくても、お金がなかったら我慢する、というのはあたりまえである。しかし、いまの経済は我慢をなくそう、としているように見える。「我慢」というのが罪深い言葉になってしまったかのようだ。なかったら使わないようにするのがあたりまえなのに、なぜ、できなくなってしまったのだろうか。

炊飯器が使えなくなっても、お米を研いでご飯を炊けばいいだけの話だ。洗濯機がなかったら、洗濯板を使えばいいでしょう。電力の節約といっても、しかし、そこまでは要求されていないでしょう。

中村が日本を発ったときは、日本の住宅にも冷暖房などなかった。それでも、けっこう楽しく生きていた。ちょっと生活の内容が落ちることも日本人はできなくなってしまったのだろうか。何が生活のクオリティなのか。電気がないと熱中症で老人が亡くなる、というような話も、昔から身体が弱い老人は夏の暑さや冬の寒さで亡くなっていた。それを急にいまごろになって、電気がないと死ぬ、というのは短絡すぎるのではないかとも言う。一見、中村の言葉は過激に聞こえるかもしれない。しかし、ドラム缶でブラジルの農場に入っていった中村は、電気のない生活をしていた。そのような経験をした者からすると、電気がないと生活できない、というのが理解できないようだ。

このような意見は特に、最近になって思うようになったことではない。中村が一九九二年四月一一日の「朝日新聞」の「ひと」欄で紹介されているが、そのとき、彼は次のように述べている。「日本はことを複雑にしすぎます。水をみんなで汚しておいて、浄化する高度技術を金をかけて考案している」、「キャンデーのひとつひとつまで、ていねいに紙包装しているのも驚きです。森林破壊を問題にしながら、快適な生活ばかり追求している」。二〇年も前から、中村は日本が抱いているこのような矛盾に対して違和感を感じていたのである。

周りの人を活かし、自分も活きる

中村は公務員として住民を大切にするといった視点を有しているだけでなく、組織内では忠義心にあふれる人でもある。レルネル・チームを支えてきた主要メンバーは、カシオ・タニグチ、ラファエロ・グレカ、中村ひとしなどである。

しかし本当に心からの忠誠を示したのは中村ひとしだけである。タニグチは市長二期においてレルネルの息のかかった職員を一掃し、タニグチの後継者選びの市長選挙でベット・リーシャを推すレルネルと真っ向対立した。その後、和解するが、タニグチは市長を辞めたあと、国会議員の選挙に出馬し、選挙には通るが予想を大きく下回る得票数であった。その後、ブラジリア市の都市・住宅局長になり、レルネル、中村ひとしの協力を仰いで、ブラジリア市を再生することに尽力し、またその名声を取り戻すが、レルネルと対立していた時間は不毛であったといまさらながら思う。

グレカはさらに酷い状況にある。彼は市長を辞めたあと、レルネル市長の後押しもあり、ブラジル連邦国の観光大臣まで務めるも、その後、レルネルに背信し、ヘキオン側につくとたちまち人望をなくし、いまでは州議員選挙にも通るか通らないかというような状況にまでなってしまっている。タニグチのあとにクリチバ市長になったベット・リーシャも、選挙ではレルネルや中村の支援は受けたが、レルネルという傘から抜けようと試みて、ヘキオン州知事派の大学教授をイプキの所長に据えるなど、よりクリチバを窮地に陥れるような対応をしてしまっているという印象を覚える。

一貫してレルネルに忠義を尽くしていたのは中村ひとしだけである。

中村は他のレルネル・チームのメンバーとは違い、議員になろうとか選挙に出ようとかいう野心は一度も抱かなかった。そういう話がなかったわけではない。タニグチが一回目の出馬をしたときには、レルネルからじきじきに市長選に立候補することを打診された。しかし、さすがに中村はこれを固辞する。日系一世の自分が出馬したら、おそらく命はないだろうという危機感と、自分は先頭に立って人を引っ張るより、先頭に立った人を後ろから支える、というのが性に合っているという考えからである。国会議員の選挙に出るという話もあった。日系の国会議員であるアントニオ上野は、中村に自分の地盤から選挙に出たらどうだ、と勧誘している。しかし中村は、「国会議員になったとしても何をやるんだ」と素っ気ない。タニグチ元クリチバ市長のように、レルネルという傘から抜け出し、自分こそが優れているのだ、という証明をする気持ちなども微塵もない。というか、ジャイメ・レルネルという偉人と一緒に仕事をすることが楽しくてしょうがない、という感じだ。そしてレルネルはこの中村に思い切り活躍する場を提供することがきわめて上手かったのである。上司と部下のまさに理想的な関係を、この二人に見出すことができる。

中村は部下を育てるのが非常にうまかった。高校のバスケットボール部の後輩たちを見事に鍛えて、進学校であるのに県ベスト4に進出させたことは既述したが、クリチバ市、パラナ州でも一〇人以上の部長、局長を輩出している。

久美子は「人をなにしろ軌道に乗せるのがうまい」と旦那を評する。「ブラジル人は、一度軌道に乗せると、皆すごい能力を発揮する」と中村は言う。ただし、面倒くさいことをしたがらない。なにしろ腰が重い。しかし、最初の引き金さえうまく引けば動き出すし、動き出せばすごいのだが、最初の動き出しが悪い。そこで、中村が最初の起動時に頑張るのである。レルネルでさえそうである。「レルネルを動かすには、イトシに頼むのが一番だ」とクリチバ市の職員や選挙事務所の人たちは言っていたそうである。

（1）クリチバ市はバスだけで、市域にくまなくネットワークを張り巡らせ、交通計画と土地利用計画との整合性をはかるなどして、その公共交通手段のもつ特性を最大限に活用してきた。その基本的な指針は、「都市は車のためにあるのではなく、人間のためにあるべきである」というレルネル前市長の理念に基づいている。すなわち、車のためではなく人間のための交通政策である。のろい、時間通りに来ない、快適でない、といった三重苦のようなバスのイメージを、クリチバ市のバス・システムは斬新なアイデアによって解消するどころか、利点に転換してしまった。クリチバ市では、バスは専用レーンを颯爽と走り、未来都市のようなチューブ型のアクリルのバス停留所では、ドアがさっと開き、乗客が搭乗すると同時にすぐ出発する。それは、我々のバスのイメージを一新させる、高速で、快適性に富んだ、利便性の高い交通システムである。その結果、クリチバ市はブラジルの都市のなかではブラジリアについで最も自動車保有率が高いにもかかわらず、公共交通利用率が非常に高い都市になっている。

（2）ブラジル料理で、牛や羊の肉塊を塩やバターで調味し、大串に刺して焼き、それを切り取って食べる。

（3）服部圭郎『人間都市クリチバ』、四七頁。

15　中村ひとしというブラジル、そして日本への贈り物

中村の信念は「とにかくやってみる」。とにかくやってみることを無心に積み重ねてきた中村の軌跡は、クリチバ市そしてパラナ州にて燦然と輝いている。その軌跡には、オスカー・ニーマイヤーの作品のように、サインは書かれていないし、設計図が博物館に展示されたりもしていない。しかし、中村は気にしない。なぜなら、中村は利己心ではなく、その空間を利用する人々、そして将来その空間を利用する人々が少しでも幸福になるために、空間や社会のシステムをデザインしてきたからである。中村がプロジェクトを手がけると、石切場は自然公園になり、ファベラのごみは消えてしまい、ファベラの子供たちはすくすくと育つようになる。あたかも、花咲じいさんのように、中村が歩んだあとは、枯れ木に花が咲いていくのである。それは、中村と関わり、中村を知った人々の心のなかも同様である。

中村の大学時代の一年後輩である湊へ、中村が渡伯直後に書いた手紙にはこう書いてある。

「小生も頑張って、なんとか納得のいく生き方をしたいと思っております。貴君も、これから、いろ

いろな事が起こるでしょうが、一体何が一番自分にとって大切なことか？という問いかけを忘れないで、大きく堂々と生きてください」。

この手紙は、湊だけでなく、中村自身への言葉でもあったのだろう。「何が自分にとって大切なのか」という問いかけを忘れずに、「大きく堂々と生きる」。中村は日本でも、そしてブラジルという国に渡ったあとでもつねに、大きく堂々と生きてきた。それは、矮小な安定を求め、みずからをごまかして欺瞞的になってしまい、国としても迷走状態に陥ってしまった現代の日本人が忘れてしまったことなのではないだろうか。

筆者は大学の教員として日々、若者と接している。多くの若者は、目先の就職の内定を取ることに汲々として、人生の夢を描くようなことからほど遠い状況にある。そして社会に対しては、自分ではどうにもならないといった諦観と無力感に覆われている。海外どころか、自分の小さなコミュニティに閉じこもり外部にも目を向けず、内向き志向になっている。年金問題、財政不安、原子力発電所の問題など、考えたくもないことばかりなので、その気持ちはわからなくもない。しかし、自分の可能性を試す前に、そんなに小さくちぢこまってしまってはもったいないと彼らを見ていると強く思う。

ブラジル人がよく口にする言葉に「一度きりの人生」というものがある。中村も、その言葉をよく用いる。生まれた国の迷走につきあい、前例にとらわれて、将来の展望の見えないなか、自分の人生を犠牲にする必要があるのか。中村のダイナミックでいて、あくまで自分に正直に突っ走ったその生きざまは日本人の若者に大きな勇気と希望を与えてくれるのではないだろうか。「とにかくやってみ

環境市民大学で講義をする中村

50年以上ぶりに母校の明石高校を訪れた中村夫妻

る」。この中村の信念をもって、日本の若者が将来を切り開くような生き方をしてくれれば、この閉塞状態にある日本の状況を打破することができなくても、自分の可能性を追求することは可能であろう。

中村のクリチバでの活躍を紹介するＮＨＫの番組が二〇〇四年五月に放映された。ＮＨＫの取材にレルネルは次のように言う。

「中村ひとしがクリチバに来てくれたことは、クリチバにとって最高の出来事だったのです」。

それはクリチバだけでなく、中村ひとしと出会った人たちすべてに言えることではないだろうか。もちろん、私も例外ではない。中村ひとしという傑出した日本人を知らない人々も、本書によって、多少はその片鱗を知っていただけたら、筆者としては望外の喜びである。

あとがき

中村ひとしというダイナミックで創造的、そしてドラマに富んだ半生を送った日系ブラジル人のことを是非とも本として誰かがまとめるべきであると、ここ数年考えていた。とくに、あることをきっかけにその思いを強くした。それは、レルネルが世界建築家協会の会長であったとき、中村と一緒に来日したときのことである。レルネルが品川にある高輪プリンスホテルで講演をしたあと、築地市場に昼ご飯を食べに行くために、私はレルネル、中村とホテルの前でタクシーを待っていた。すると、レルネルの講演を聞いた人が、レルネルのところにやってきて、「ごみ買いプログラムには本当に感動しました。あんな創造的なアイデアが出てくるなんて、あなたは本当に天才です」というようなことを言った。レルネルはそれを聞いて、「ありがとう」とにこにこして返答する。それを隣で聞いている中村も、敬愛する先輩が誉められて喜ぶ後輩のように満面に笑みをたたえる。私は、その光景を見て、「いや、確かにレルネルさんは天才かもしれないけど、ごみ買いプログラムのアイデアは中村さんが思いついたものですけど」と言いたくてうずうずした。もちろん、そんな無粋なことをするほど無神経でもないし、そもそも私の出る幕ではない。

しかし、レルネルがあまりにも偉大でカリスマ性にあふれていることもあり、中村の存在が見えなくなってしまう。日本のクリチバ研究家の多くもレルネルの眩しさゆえに、レルネルという偉人の影に隠れている中村という存在を見過ごしてしまう傾向がある。私自身がしばらくそうであった。私も、ごみ買いプログラムが中村のアイデアであると知るまでには中村と出会ってから数年かかった。クリチバ市のほとんどの公園を設計したのが、中村本人であるということを知るのにも数年かかった。途中から、私が積極的に「もしかしたら、これを設計したのも中村さんでしょう」、「そのアイデアを考案したのは中村さんだったのですか」と確認するようになったので、中村のクリチバでの多くの功績を知ることになったのである。中村のこの控え目な性格は、事実を正確に伝えるには弊害となる。中村は自分の功績が知られていなくてもまったく頓着しない。中村のこれまでの業績が、記録に残らず、歴史の闇に葬られても、それはそれでいいと本気で考えているところがある。

しかし、私はまことに自分勝手な感傷なのかもしれないが、日本の反対側にあるブラジルという国で自分の可能性を試すべく奮闘した、この日本人の軌跡を著したいという願望を抑えることができなかった。なぜなら、中村という人間は、この膠着状態に陥って元気がなくなっている日本人に大きな勇気とエネルギーを与えてくれると思うからである。ブラジルという舞台で、大きく生きた中村ひとし。彼の生きざまは、官僚制度やサラリーマン根性、事なかれ主義に染まり、自分らしさを殺し、小さくまとまろうとしてしまう傾向のある日本人、そしてそのような日本人を多く輩出してしまったことによって、将来の展望が見えず迷走する日本国に、いま一度、現状のありかたへの再考を促し、未来への希望を呈示してくれるように私には思えるからである。それは、日々、人生を矮小化して自分に自信ももてない大学生と接しているからこそ、強く湧き出てくる思いかもしれないし、みずからがそのように自分を矮小化して、せこく生きようと若いときに思ったことへの悔恨からきているものかもしれない。

中村の長女の麻友美も父親の仕事を整理する必要性を痛感していた。父親のクリチバ市における功績はきわめて大きいものがあるが、前述したように中村は設計図をつくらない。役所の書類のために後づけで設計図をつくるが、それにはブラジルでの技術者としての資格を有していない中村のサインは記されていない。したがって、後世において、中村のすばらしい業績の数々が忘れ去られてしまう可能性は高い。それは、なんとも悔しい。ただし、麻友美は環境コンサルタント会社を経営しており、あまりにも多忙であり、父親の仕事を編集する時間が取れない。

そこで、勝手に、その資格はないかもしれないが、筆者が執筆させてもらうことにした。私に中村の本を執筆する資格があるかどうかははなはだ疑わしい。本当は中村本人が書くべきものであろうし、後年、中村みずからが筆を執ることを願っている。しかし、現在を生きている日本人にとって、中村というエールが必要であると考え、力量もおおいに不足していることを自覚しつつも、ここに私がまとめさせていただいた。

本書は、中村ひとし本人をはじめとして関係者への取材をもとに執筆した。中村さんのご家族、小中学校時代の同級生、高校、そして大学の同期・後輩、クリチバではジャイメ・レルネルをはじめセルジオ・トッキオなど、多くの同僚等が本書の取材に協力してくれた。また、ブラジリア、サンパウロでも中村と仕事をしたことのある方たちが取材に応じてくれた。サンタ・カタリナ州のりんご農家の小川和己は、二度も筆者の取材に応じてくれるだけでなく、自宅で奥様の豪華な手料理をごちそうしてくれた。長崎出身の奥様が、懐かしくてどうしても食べたいと思った皿うどんを再現すべく発案した、じゃがいもでつくった皿うどんもどきが、強く印象に残っている。その小川和己は、二〇一二年九月四日、心臓発作で逝去された。大変、残念に思うと同時に、中村を通じて、小川和己というすばらしい日系人に出会えたことを心からありがたく思う。

ジャイメ・レルネルという当代随一の都市計画家と懇意にしてもらえるのも、中村のおかげだ。レルネルは「友達の友達は、友達である」と私に言う。このように、中村ひとしという人間に興味を抱き、彼を探る旅で、私は中村以外にも多くのすばらしい人々と出会うことができた。中村本人はもとより、ジャイメ・レルネル、中村せいこ、中村久美子、小川和己といった、中村をとりまくすばらしき人々に、本書を執筆するうえで、私はいろいろと協力していただいた。全員の名前を挙げることはしないが、ここにその厚意に対して心より御礼申し上げる。本書が完成するのを楽しみにしてくれていた中村の母せいこは、二〇一三年一一月二四日に永眠された。生前に本書を見せることができなかったのは、心から残念である。彼女の墓前に本書を捧げたい。

文章の事実関係の責任はすべて筆者が負うものである。中村ひとしは、細かい年月、場所の記憶がそれほど明るくない。彼はそういう細かいことに価値をそれほど置いていないからである。筆者はなるべく、そのデータを正確にするように多方面から取材をするなどで対応はしたつもりであるが、まだ曖昧な点がないわけではない。読者がその間違い等に気づいた場合は、筆者にご指摘いただければ幸いである。本書に掲載した写真はとくにことわりのない限り、筆者が撮影したものである。

本書の構想を立てたのが二〇〇八年であり、その後、出版すると回答してくれた出版社が事業縮小をしたために、出版話が一度はご破算になった。しばらく出版企画を出版社に持参しては断られることを繰り返していたが、このたびまことにありがたいことに未來社から出版してもらえることになった。西谷社長とお会いして、出版を快諾していただいたときの喜びは忘れられない。心より感謝の気持ちをここに表したい。

二〇一四年一月二十七日

著者

本書の刊行にあたり明治学院大学学術振興基金の補助金を受給した。

参考資料

中村ひとし「クリチバにおける人に優しい環境都市づくりの実践」講演会議事録、2007年8月、大阪市立住まい情報センター

服部圭郎『人間都市クリチバ——環境・交通・福祉・土地利用を統合したまちづくり』学芸出版社、2004年

ジャイメ・レルネル『都市の鍼治療——元クリチバ市長の都市再生術』中村ひとし・服部圭郎訳、丸善、2005年

『ブラジル・パラナ州「海の再生」環境協力推進事業』2002年パラナ州環境調査報告書、兵庫県、2002年

Environmental Management: Success Cases of Brazilian State Capitals, Konrad Adenauer Foundation, 2012

平井英理子「中村矗——前ブラジル・パラナ州環境長官　環境都市を作り上げた『団塊世代』の軌跡」、『Agora 日本航空機内誌』No. 12-7、2002年

主要な取材先

小川和己（2011/08/12, 2012/02/18, 2012/03/10）
ジャイメ・レルネル（2011/08/09, 2011/08/09, 2012/08/10）
セルジオ・トッキオ（2012/08/10）
フェルナンド・カナーリ（2012/08/10）
エドアルド・ブランドン（2012/08/15）
ルイス・クラウジオ・コヘーア（2007/02/18）
湊稔（2008/07/05）
池内康利（2008/07/05）
梶原真理（2012/08/19）
彌城正嗣（2012/08/31）

服部圭郎（はっとり・けいろう）
1963年に東京都で生まれる。東京そしてロスアンジェルスの郊外サウスパサデナ市で育つ。東京大学工学部土木工学科を卒業し、カリフォルニア大学環境デザイン学部で修士号を取得。株式会社三菱総合研究所を経て、2003年から明治学院大学経済学部で教鞭を執る。2009年4月から2010年3月にかけてドイツのドルトムント工科大学客員教授。現在、明治学院大学経済学部教授。技術士（都市・地方計画）。専門は都市計画、地域研究、フィールドスタディ。主な著書に『若者のためのまちづくり』（岩波書店、2013)、『道路整備事業の大罪』（洋泉社、2009)、『衰退を克服したアメリカ中小都市のまちづくり』（学芸出版社、2007)、『サステイナブルな未来をデザインする知恵』（鹿島出版会、2006)、『人間都市クリチバ』（学芸出版社、2004)。共著に『下流同盟』（朝日新聞社、2006)、『脱ファスト風土宣言』（洋泉社、2006)、『都市計画国際用語辞典』（丸善、2003）など。訳書に『世界が賞賛した日本の町の秘密』（洋泉社、2011)。共訳書に『都市の鍼治療』（丸善、2005)、『オープンスペースを魅力的にする』（学芸出版社、2005)。

ブラジルの環境都市を創った日本人
——中村ひとし物語

発行——二〇一四年三月十日　初版第一刷発行

定価——（本体二八〇〇円＋税）

著　者——服部圭郎
発行者——西谷能英
発行所——株式会社　未來社
〒112-0002 東京都文京区小石川三—七—二
電話〇三—三八一四—五五二一
http://www.miraisha.co.jp/
Email: info@miraisha.co.jp
振替〇〇一七〇—三—八七三八五
印刷・製本——萩原印刷
ISBN 978-4-624-40065-1 C0036

（消費税別）

望月照彦著
都市のエッセンス
現代は都市の時代である。長年、都市の民俗と都市づくりに携わってきた著者が、やさしい都市を求めて、そこに息づく人々の生活や風景を屋台の視点から描き出したやわらかい随筆。一三〇〇円

望月照彦著
都市民俗学〔全五巻〕
建築学を基礎に都市を観察する、街づくりのための都市探索からなる民俗学であり、そこに人間らしい生のいとなみを形成するための都市学でもある望月都市民俗学のエッセンス。各巻四五〇〇円

宮田登著
都市民俗論の課題
現代日本民俗学の主要なテーマとしての都市をいち早く指摘し、江戸から現代につながる都市生活者たちの心意を体系づけた先駆的古典的諸論文を収録。二〇〇〇円

クロード・フィッシャー著／松本康・前田尚子訳
友人のあいだで暮らす
〔北カリフォルニアのパーソナル・ネットワーク〕現代の都市のありようを多角的に方法論的に描き出したフィッシャー都市社会学のフィールドワークの決定版。データ分析法も詳述。六八〇〇円

AMR（アメニティー・ミーティング・ルーム）編
アメニティを考える
真に快適な環境とはどういう状態か。日常生活の身の回りの問題から地球規模の問題まで人間生活と環境との関係を、各界の専門家三〇人がさまざまな視角から取り上げて考える。二八〇〇円